文春文庫

亡国スパイ秘録

佐々淳行

文藝春秋

はじめに――私とスパイたちとの関わりを書く

二〇一四年（平成二十六年）に、「最後の手記」と銘打ち、『私を通りすぎた政治家たち』を出した。そして、二〇一五年（平成二十七年）に、「最後の告白」と称して『私を通りすぎたマドンナたち』を刊行した。

そして、二〇一六年（平成二十八年）に、本書『私を通りすぎたスパイたち』（文庫化に際し改題）を刊行することになった。しいていえば「最後の告発」というべき書だ。

「ゾルゲ・ラストボロフ・レフチェンコ」といえば、戦前、戦中、戦後の日本を揺るがした大スパイ事件の張本人たちだ。詳細については、本文で、いろいろと綴っていきたいが、実は私は、これらのスパイ事件に、間接であれ、直接であれ、関与しているのだ。

一九三〇年（昭和五年）生まれの私が、一九四一年（昭和十六年）に発生したゾルゲ事件と何の関係が？　と読者は思われるかもしれない。しかし、大いに関係があるのだ。

というのも……。

ドイツのフランクフルター・ツァイトゥング紙の記者として東京に在住していたゾルゲが、実はソ連のスパイであり、元朝日新聞記者の尾崎秀実と共に、検挙されたのは、太平洋戦争開戦直前の一九四一年（昭和十六年）十月のことだった（新聞で報じられるのは翌年の五月になってからだが）。当時の私はまだ小学生だ。しかし、尾崎が朝日の記者であった時、近衛文麿を囲む「昭和研究会」に彼を誘ったのが、同僚でもあった父・佐々弘雄だったのである。

『私を通りすぎた政治家たち』でも触れたが、父は、九州帝国大学教授時代に「九大事件」で、「アカ（共産主義者）」の嫌疑がかけられ大学を追放された身だった。そのあと、朝日新聞に入っていたものの、親友の尾崎が逮捕されたということで、かなり動揺していたのを覚えている。なにしろ、当時、特高や憲兵が、常に我が家を監視対象にしていたからだ。

初代特高部長、警視総監を歴任し、のちに「最後の内務大臣」となる安倍源基は「佐々弘雄は必ず捕まえてやる」と豪語していたのだ。

尾崎が逮捕されたことをいち早く昭和十六年十月の段階で知った父は、私と兄（克明）に、「風呂のたきつけとして、この書類を燃やしなさい」と命令をした。

当時、風呂は今と違ってガスで沸かしたりはしない。どこでも薪や紙などで沸かしていた。庭で、重要書類を燃やしたりしたら、すぐに特高がやってくるだろう。しかし、子供たちが風呂を沸かすのなら咎められることもない。何日かかけて、父のメモや手紙のたぐいをせっせと焚きつけにした記憶は子供心に鮮明に残っている。

もちろん、父が、尾崎やゾルゲと同じくソ連のスパイだったというわけではない。あくまでも、尾崎との「交友」関係を示すような書類やメモが、万が一没収されたら、些細なことでも、ソ連スパイの同調者だとのレッテル貼りをされ、不当逮捕されるかもしれない。それを恐れての自衛行動だったと思う。

スパイ事件との縁はまだ続く。

ことの詳細は、本文に譲るが、私が東京大学法学部を卒業して、現在の警察庁に入ったのが一九五四年（昭和二十九年）四月。なんと、その年の八月に、ソ連代表部の二等書記官ユーリー・ラストボロフがアメリカに亡命している事実が判明したのだ（実際の亡命は同年一月）。

亡命に際して、彼や仲間たちが協力者として重用していた三六人の日本人らの暗号名を置き土産として証言していた。それをもとに取り調べを受けた外交官などから自殺者も出た。

後に、日本から亡命先のアメリカに警官（山本鎮彦氏ら）を派遣し、暗号名の人物に関して詳細な個人情報を入手し、再捜査などを行なった。私は、そのとき、警視庁公安部外事課、ソ連・欧州担当の主任警部として、関係者への捜査を担った（第一、三、四章）。

そして、一九七九年（昭和五十四年）にはレフチェンコ事件（第二章）が起こる。そして彼の証言に続いて一九八〇年（昭和五十五年）には宮永スパイ事件（第二章）が連続して起こった。一九七七年（昭和五十二年）から一九八六年（昭和六十一年）にかけては、私はある事情で警察から防衛庁に出向しており、防衛庁教育参事官や人事教育局長をやっていた。その関係で、このスパイ事件も、直接の捜査こそはしなかったが、防衛機密がらみの「身内」での犯罪ということで、大きな衝撃を受けたものだった。国会でもしばしば追及され答弁に立った。

本書では、そういうさまざまな形で遭遇したスパイたちを回想していく。中には、私が「外交官」（香港（ホンコン）領事）であった時に、スパイとして活用した中国人スパイの話も出てくる（第一章）。

そして、私の警察、防衛に於ける職歴年譜の中で、「謎の空白」となっていた一九五九年（昭和三十四年）十一月（関東管区警察局警務課調査官）から一九六〇年七月（警視庁公安部外事課）のうちの半年の間は、実は密かにアメリカに派遣され、ジョージタウン大学の「聴講生」という「名目」で、アメリカのＦＢＩやＣＩＡでスパイ摘発のさまざまな訓練や学習を受けていたのだ。そのときの体験が、その後のスパイや過激派との戦いにおいて役立ったことはいうまでもないが、その見聞も本書に綴った（第二章）。

また、今まで書いてきた書で回顧した、さまざまなスパイの話も本書に出てくるが、ゾルゲ、ラストボロフ、レフチェンコから瀬島龍三まで、まとめて回顧するスパイものは本書が初めてで最後となるだろう。

今回も、先の二著に引き続き、本書をまとめるにあたって、フリー・エディターの五反田正宏氏と文藝春秋の仙頭寿顕氏に大変お世話になった。また、秘書役の木田臣（しん）氏にも深く謝意を表したい。

二〇一六年（平成二十八年）二月

佐々淳行

亡国スパイ秘録

目次

亡国スパイ秘録

第一章

父弘雄とスパイゾルゲはいかに関係したか

■「ゾルゲ事件」尾崎秀実と父・佐々弘雄

太平洋戦争（大東亜戦争）の開戦直前に発覚し、日本を揺るがした「ゾルゲ事件」は、第二次世界大戦の帰趨（きすう）に影響を与え、世界史を変えたとさえいわれる大規模な国際スパイ事件である。

ロシア生まれのドイツ人、リヒャルト・ゾルゲはドイツの新聞『フランクフルター・ツァイトゥング』の記者を装い、ナチス党員の肩書きも持って、一九三三年（昭和八年）九月に来日。以降、一九四一年（昭和十六年）十月に検挙されるまで八年にわたって、「ゾルゲ諜報団（あるいはラムゼイ機関）」と呼ばれるスパイ・グループを組織して日本やドイツの機密情報、軍事情報を探り、ソ連共産党最高指導部に報告していたのだ。

ゾルゲの最大の〝功績〟は、日本は対ソ戦争となる「北進」をするか、対米英戦争となる「南進」をするかをめぐって中枢部で続いていた議論が、最終的に「日本は南進する」（つまり対ソ戦争はしない、対米英戦争をする）という決定を行なったという情報をソ連に報告して、窮地に陥っていたスターリンを救ったことである。

というのも、一九四一年六月に勃発した独ソ戦で、ドイツ軍は得意の戦車部隊による電撃戦で進撃、九月には首都モスクワまで十数キロに迫っていたのである。開戦以来、敗北を続けたソ連は最初の数か月で数百万人もの兵力を失って、首都陥落の危機に瀕していた。

ソ連は日本が「北進」して攻め込んでくるのではないかと不安だったから、極東にも大きな兵力をおいていたのだが、これを転用できなかった。

それがゾルゲの報告によって、日本軍がソ連の背後を突いて侵攻することはないと判断、十月以降、満州の正面に展開していたシベリアの部隊から百万人単位で引き抜いて、モスクワ攻防戦に投入したのだった。

シベリア鉄道がこれほど活躍したことはないくらいにひっきりなしに運用されて、一日に数万人の兵力をスターリングラードへと運んだ。ドイツ軍が気がついたときには、もはや戦況は変わっていたのである。

スターリンはモスクワ防衛に成功し、ドイツに反転攻勢をかける契機をつかむのだ。ソ連にとってはまさに運命を決する情報(インテリジェンス)であった。

ゾルゲのスパイ組織で中枢メンバーとして活動していたのが、近衛文麿(このえふみまろ)内閣のブレーンだった尾崎秀実である。尾崎は元朝日新聞社の外報部員で、一九三七年（昭和十二年）から近衛側近が主宰する政策研究団体「昭和研究会」に参加、ほどなく第一次近衛内閣の嘱託になっている。さらに近衛自らが主宰する勉強会「朝飯会」にも参加、中心メンバーとなって活躍していた。

実はこの昭和研究会に尾崎を誘ったのが、ほかでもない私の父・佐々弘雄だった。朝日新聞社の論説委員を務めていた弘雄は、尾崎と親しかったのだ。

しかしその尾崎はコミンテルン（共産主義政党の国際組織）の活動家であり、こともあろうに近衛グループから得た日本政府の情報をゾルゲに流していたのである。

■東條英機ににらまれていた父

『私を通りすぎた政治家たち』（文春文庫）でも触れたように、政治学者だった父・弘雄は、九州帝国大学法文学部教授を務めていたが、ソ連型の「社会主義」を唱える向坂逸郎らに巻き込まれる形――いわゆる「九大事件」で辞職、しばらく著述活動に専念した後、朝日新聞社に入社していた。

弘雄はワイマール共和国のような政体を理想とする自由民主主義者だったが、ロシアのように革命によって王室や国家・政権を転覆したり破壊することは否定している。国家意識も天皇に対する崇敬の念も非常に強かった。領土を守り、国民を安んずるために軍事力の必要性をはっきりと認めている一方で、資本主義を懐疑する側面もあり、国家社会主義者であったというのがいちばん近いように思う。

日本では国家社会主義というと、ナチスのような極端な民族主義、ナショナリズムと軍が結びついた独裁だの圧政だのといった強権政治がイメージされやすいが、本来は社会保障や格差の解消など社会主義的な施策は、国家の名のもとに行うという思想である。いまなら、反共リベラルな民主社会主義（社会民主主義）に近い立場だといえるかもしれない。

かつて、文部省に命じられて政治学と政治史研究のため二年間、英独仏三か国に留学してきた父は、ナチスの勃興期を現地で見ている。おそらくドイツで酷いユダヤ人いじめを見たのだろう。猛烈な反ヒットラー派で、ナチスに対して強烈な批判をしていた。

ナチス嫌いで、議会制民主主義によって少しずつ改良していこうと主張していた弘雄は、国家を重視しながらも、日本を暴走する陸軍に引っ張られるような国にしてはならない、軍部が壟断するような国家運営であってはならないと考えていた。

一九三三年（昭和八年）、近衛文麿の側近が組織した国策研究グループ「昭和研究会」に招かれたことをきっかけに、弘雄は朝日新聞社に在籍しながら昭和研究会の主要メンバーとして活動、近衛文麿の有力なブレーンになっていたのである。

やがて昭和研究会は、私的な研究会から国策研究所として研究機関になるのだが、このときの根本方針は、①現行憲法の範囲内で国内改革をする　②既成政党を排撃する　③ファシズムに反対する、という三点だった。

一九三七年（昭和十二年）に第一次近衛内閣が発足すると、弘雄は昭和研究会に尾崎を紹介、内閣の勉強会「朝飯会」にも尾崎とともに中心メンバーとして参加、日独伊三国同盟に反対し、泥沼化していく日中戦争の早期和平を主張していたのだ。

開戦前夜、陸軍大臣の東條英機ら主戦派にとって、近衛グループは明らかに邪魔な存在だった。弘雄と尾崎は近衛内閣のブレーン・トラストの中核的存在で、活動や経歴で重なる部分も多かったから、次の標的になるのは明らかだった。しかも「九大事件」で〝左傾教授〟〝赤化教師〟の烙印（らくいん）を押されていた父は、東條英機（とうじょうひでき）ににらまれていた。

実際、警視庁初代特別高等警察（特高）部長で、警視総監となっていた安倍源基（げんき）が「佐々は必ず捕まえてやる」と放言していたという。

■小学生で証拠隠滅を手伝う

尾崎秀実が逮捕された日、父は尾崎ほか近衛内閣の側近たちと会食の予定があったらしい。「らしい」というのは、当時、私は十歳の小学五年生で、この日のことを詳しくは覚えていないからだ。だが、後にジャーナリスト（朝日新聞記者）になった四歳上の兄・克明が、一九八六年（昭和六十一年）に亡くなる直前、雑誌『中央公論文芸特集』（一九八五年春・夏・秋・冬号）に「父・佐々弘雄と近衛の時代」と題する記録を四回にわたって寄稿していた。最近、それを再読して、新たな記憶も甦ってきた（兄が亡くなった時、編集部から、私に、この兄の連載「父・佐々弘雄と近衛の時代」の続編を書くように依頼を受けたこともあったが、多忙を理由に、また資料がなかったので断わった）。

それによると、昭和十六年十月十四日、六本木の鰻屋「大和田」に、風見章元司法大臣（元内閣書記官長）、第一次近衛内閣の農林大臣だった有馬頼寧伯爵、朝日新聞政経部記者で後年代表取締役になる田畑政治、尾崎、そして父が集まった。近衛首相も出席する予定だったが、急にこられなくなったという。「大和田」は東京市麻布区材木町六八番地にあった私の家から、歩いて二、三分のところである。父はよく、そこでさまざまな「天下同憂の士」と会食をしていた。

数人が集まったところで、尾崎に電話がかかってきた。尾崎は電話から席に戻ると「あすの講演会の打合わせをしたいからきてくれ、と明治大学の学生からいってきた」とばつがわるそうに言い残して去った。すぐにもどるからと言い残したものの、それきり連絡もなく「大和田」には帰ってこなかった。この電話が実は当局の誘い出しで、尾崎はそのまま逮捕されたようであった。

その夜、その会合から帰ってきた父は、かなり酔っていて、怒ったような口調で、「尾崎のやつ、途中でぬけだして、必ずもどるといってでたのにもどってこなかった。おかしなやつだ」「よほど重要な用事ができたのかな、約束を破るような男ではないんだが」と、兄に語ったという。

父・弘雄が、尾崎が帰ってこなかった理由、すなわち逮捕を知ったのは、十月十六日だったようだ。その日以降のことは、私も鮮明に覚えている。

十六日深夜に帰ってきた父は、青ざめた顔で、開口一番、「尾崎がつかまったよ」と母にひとこと吐き出した。そして、いつもの晩酌を茶の間ですることもなく、書斎（兼応接室）に直行し、名刺、手紙、はがき、ガリ版刷りの書類、パンフレットなど、持っていると危険と思われるものを、びりびりと細かく破ってみせ、その処分の役を兄が仰せつかったのだ（私はその夜は先に寝ていたようだが、翌日十七日未明からそれをせっせと手伝うことになる）。兄は、その夜のうちから、破るのも手伝ったのだが、「もっとこまかくしろ」と指示されたという。みるみるうちに屑籠（くずかご）が一杯になり、「ボール箱の大きいのをもってこい」と命じられてもいる。

その時、兄は「尾崎さんは、なんで検挙されたんですか」と父に聞いている。「そんなことわからん。近衛のグループを根こそぎひっくくろう、というのだろう。克明、おれも捕まるだろうが、覚悟していろ。わるいことをしたわけじゃないから、胸を張って

スターリンのためにスパイ工作に励んだゾルゲと尾崎

歩くんだぞ」と、怒鳴るように答えている。

そして「手紙と書類は焼却するように。きょう中に風呂にたきつけなさい。書庫の分は、分量が多いから、あしたにでも焚火でもやすように……」と。

翌十七日未明からは、そうした紙類や本、手帳、写真などを風呂の焚き口で燃やすのが兄と私の仕事になった。兄の記録によると、汽車の中や旅館で尾崎と一緒に写っているスナップ写真が数葉あって、官憲の手入れを予期して、要らざる誤解を招く証拠を抹消したのだという。父としては、十月十七日未明にも、特高が自宅を急襲し、自分も逮捕拘引されると思っていた節がある。

小さな借家なので、庭で焚き火をすると目立ってしまう。材木町六八番地は麻布警察署のすぐ近くだったから、刑事に見つかって不審に思われる可能性は高い。だから、風呂の焚き口で燃やしたのだが、紙類は重なっているとなかなか燃えないから非常に苦労した。本などバラバラにしていても燃え残りが出るので、また引っ張り出して広げて燃やして灰にした。父が捕まったときのことを考えると、文書一枚、メモ一片たりとも残してはいけないという思いに駆られていた。

残っていればきわめて貴重な近現代史の資料になっていたと思うけれども、父が不利になってはならないという一心で燃やし続けた。後にも先にも、あんなに必死になって証拠隠滅をした経験はない。

■有馬日記と風見日記でも空白の謎（昭和十六年十月十四日）

尚、十月十四日に、尾崎と父と共に「大和田」で会食したはずの、有馬頼寧伯爵は『有馬頼寧日記』（山川出版社）という本を残しているが、その日記を見ると、昭和十六年十月十四日の会合については何も書き残していない。

風見章も『風見章日記・関係資料』（みすず書房）という本があるが、昭和十六年十月に関しては、「十月九日より十三日迄風邪引こもり」「廿六日　荻窪私邸に近衛公訪問。夕食を共にし、午後八時辞去」とあるだけだ。

ところが、風見の日記（備忘録）では、昭和十七年一月十日には「大和田にて有馬伯、佐々弘雄氏と昼食」と書いてある。同じく有馬日記にも、昭和十七年一月十日には「正午に大和田に行き、風見氏の招宴に出席。佐々氏と同席す」とある。

ということは、昭和十六年十月十四日に関しても、本来なら両者の日記に「大和田にて、佐々弘雄氏と尾崎秀実氏らと会食。途中、尾崎退席。すぐ戻ると言ったのに戻ってこず」と書いてあってもおかしくはないはずだ。日記に書けないこともあるのだろうが……。兄は、先の『中央公論文芸特集』に「父・佐々弘雄と近衛の時代」を書く前に、実家にいる母のところをよく訪れていた。母は、私の世田谷区野沢の母屋(おもや)にいたので、「また、兄が来ているな。何をしに来ているのだろう」と思ったが、きっとその時、母から当時のことをかなり聞き出していたのだろう。この論文でも、母の回想がかなり引用されている。自分自身も日記を書いていたのかもしれない。それらに裏打ちされた記録だけに、「昭和史の謎」を解く上で貴重な指摘だと私は考えている。

ともあれ、私の祖父(弘雄の父)・佐々友房(ともふさ)が、西南戦争では西郷軍で戦いに破れ、政治犯として収監された後、国権党を率いた国権主義者であったことなども『私を通りすぎた政治家たち』で詳しく述べた。政治学者であった父・弘雄も、戦後、第一回参議院選挙で参議院議員になっている。私の政治家観が、警察・防衛庁・内閣と長く「公」の仕事を務めてきた経験だけでなく、そうしたいささか特異な環境で育つ中で培(つちか)われたものであったことを、同書で紙幅を割いて述べた。

それと同じようにスパイ、諜報に関しても、私の育った環境は通常ならありえないものだった。この「ゾルゲ事件」のとき、父の言いつけで、メモや書類、手紙、写真など徹底的に証拠隠滅を手伝ったのは、その最たるものだった。

昭和十六年十月十四日以降、十六日に尾崎が逮捕され、また、あとで判明したことだが、十月十八日にはゾルゲなども逮捕されている。当然、父も次は自分が……と苦悩していたようだ。

尾崎逮捕の数日後、午前零時過ぎに、したたか酔って帰宅した父は、すでに就寝中だった兄と私をたたき起こして、「話を聞け」というのである。母が制止したものの、演説調でこんなことを語った。

「(朝日新聞の) 政経部の田中 (慎次郎) と磯野 (清) がひっぱられた。社内では、次は佐々と笠(りゅう) (信太郎) だ、とうわさしている。どうも、本当のようだ。警保局長や特高課長が毎日 (新聞) の記者にもらした、というのだから」

田中慎次郎は、朝日の政治経済部長、磯野はその部下だ。田中は尾崎と同期入社でもあり、かなり親しい仲だった。当時の毎日新聞は、どちらかといえば、朝日より親軍部的なところがあったとも見られていたからその情報は信憑性が高いと父は思ったのだろう。

父は、そのあとも、我々の知らない人名を挙げては、くどくどと説明していく。泥酔し、自宅でもさらに飲んで酒杯を離さず、母が止めても大声をあげて怒鳴る。

「大事なことを話しているんだ」と。

「尾崎がソビエト (ゾルゲ) のスパイだった、という情報がある。そんなばかげたことがあるはずがない。でっちあげもはなはだしい」「しかし、万一そうであるならば、よしんば、それがでっちあげであっても、国防保安法とか治安維持法、軍機保護法と、いろいろな法律があって、これは重大な犯罪になる。もう、近衛は退陣した。当局がひっかけようと思えば、近衛公でさえもあぶない」「そこで、もし、お父さんの身におよぶようなことがあれば、ほかの理由ならば取調べに応ずるが、スパイ容疑ということの場合には、身の潔白を証明するため、腹を切る。いいな」と。

父の目はすでに「すわっていた」。尾崎が「ソビエトのスパイ」、つまり、ゾルゲと共にソ連のために日本を裏切った。もし、自分がその仲間であったとでっちあげられたりしたら、父は本気で切腹するかもしれない。

そう思ったのか、母は、こっそり台所に行くようなふりをして、家宝でもあったいくつかの日本刀をいつものところからどこかへ隠しにいった。

そのあと、さとすような口調で、「(あなたが)腹を切ったりしたら、かえって潔白を証明する機会がなくなってしまうのではありませんか」と父をたしなめる。

すると父は、武士のように「黙れ、男の気持ちがわからんのか」と母を一喝し「検挙されるまえに自害すれば、おまえたちが、スパイの家族とうしろ指をさされずにすむ。みんなの名誉を守るためなんだぞ」と。

武士の末裔(まつえい)である佐々家の主としては、「家名を汚してはならない」という思いにかられての、跡継ぎである兄と、私への「遺言」のつもりだったのかもしれない。

酔いがさらに酷くなり、ついには恐れていたように「刀をもってこい……」とも言い出す。しかし、すでに立ち上がる体力も気力もなくなったのか、座ったまま居眠りを始める。寝室に連れて行こうとすると、途端に目覚めて、また同じ言葉を繰り返す。「おまえたちが、スパイの家族とうしろ指をさされずに……」「みんなの名誉を守るため……」と。

しばらく放っていると、崩れるようになって、茶の間でごろりと横になった。母が布団や枕をもってきて、父を安眠へと導き、その夜の騒動はおさまった。

「スパイ」というものが、どれほど卑劣なものと思われていたか……。その思いを、この時の父の「深夜の演説」がはしなくも語っているといえよう。子供心にも「尾崎秀実」「ソビエトのスパイ」、そして「ゾルゲ」という重々しい言葉が深く頭に刻印された一瞬だった。これは、七十年以上昔の、太平洋戦争（大東亜戦争）が始まる直前の、私がまだ小学生だった時の話だ。いまにして思うと、この時から、私の「スパイ人生」が始まったといえるかもしれない。

■「玄関番は見た？」――社交的で話術に長けていた尾崎

尾崎秀実は、何度も家に来ていたから顔は見ている。そのころ、小学生だった私は、自宅玄関脇の小部屋で寝起きしていた。日曜日など、当然、来客と最初に接することも多かった。小間使いというか、「書生」というか、「玄関番」として、そういう「仕事」を小学生の私が担っていたのだ。

といっても、尾崎とは「いらっしゃいませ」といった程度の挨拶以上の言葉を交わした記憶はないが、自宅で、父と懇談などした時は、兄は「必ずといっていいほど、大和田から特上の鰻重をとった。尾崎はたいへんな食通で『ウナギはここに限る』といっていたそうである」と記している。

尾崎は、母に対して「奥さん、奥さん」となにかにつけてお世辞を使ったようだ。「そういう人物には信用できないところがある」と、戦後、母が兄に漏らしたという。

そういえば、私も子供心に、「このおじさんは、僕みたいな小学生にもやけにニヤけた感じで愛想がいいというか、気を遣っている変な人だな」と感じたことを覚えている。

その点、終戦時の鈴木貫太郎内閣で内閣書記官長も務め、『機関銃下の首相官邸 二・二六事件から終戦まで』（ちくま学芸文庫）の著者として知られる迫水久常（さこみずひさつね）さんは、きびきびした感じで、体も大きくて眼光鋭い人だった。子供心にも、尾崎よりも迫水さんのほうの印象が良かった。

一方、父は当初、尾崎のことをスパイだとは夢にも思っていなかった。「東條英機陸相ら主戦派による近衛グループの弾圧だ、理由なき不当逮捕である」と信じて疑わなかった。ところが尾崎は、共産主義を信奉するスパイとして、ゾルゲの指令のもと確信的に活動していたのである。

元朝日新聞社員で、中国問題を論じる専門家として名のあった尾崎は、朝日新聞社に自由に出入りしていた。社交的で話術に長けていたといわれ、どこにでも入っていって臆せず友達になる名人だったらしい。

御前会議の決定である「日本は北進せず」という情報は、朝日社内では、陸軍省詰めの朝日記者（磯野）から、上司の政治経済部長（田中）だけが報告をうけていた極秘情報だった。ところが尾崎は、この政治経済部長と同期入社で親しかったこともあり、たくみに「北進せず。南進して石油獲得に向かう」という政府の決定を聞き出してゾルゲに報告したようだった。

尾崎逮捕から二日後の一九四一年（昭和十六年）十月十八日、ドイツ人のリヒャルト・ゾルゲとマックス・クラウゼン、クロアチア人のブランコ・ド・ブーケリッチの三人が、ソ連のスパイとして東京地方検事局に逮捕された。

ゾルゲの正体は、ソ連赤軍参謀本部情報局（通称ＧＲＵ）に所属しその指令を受けていた大物スパイだった。友邦であるドイツの新聞『フランクフルター・ツァイトゥング』の特派員であり、しかもナチス党員だったから、開戦前夜の日本で自由に動き回って諜報活動ができたのだ。さらに駐日ドイツ大使のオイゲン・オットーとは、彼の私的顧問を務めるほど懇意であり、大使親展の機密情報も入手しては秘かにソ連へと報告していた。

ソ連への報告は、主として無線による暗号通信が使われていた。マックス・クラウゼンはオートバイ輸入業や複写機製造販売業を表向きの職業にする無線技士で、日本で入手した部品を使って、黒い革カバンに入る小型軽量の無線機を製作、発信場所を毎回変えては暗号通信をしていたのだった。

フランスの通信社と契約するジャーナリスト、またユーゴスラビアの新聞社の特派員という肩書きで来日したブランコ・ド・ブーケリッチも、共産主義者としてゾルゲ諜報団で活動するスパイであった。

一九四四年（昭和十九年）十一月七日、リヒャルト・ゾルゲと尾崎秀実は死刑になった。

戦後、ソ連はしばらく、ゾルゲの存在を隠していたが、一九六四年（昭和三十九年）に「ソ連邦英雄勲章」が授与されている。この称号、勲章がスパイに与えられるのは異例のことだ。祖国を救い、世界の諜報史上に残る活躍だったと評価されているのである。

またゾルゲの生誕地、コーカサスの港町・バクーにはゾルゲの名を冠した街路や記念碑があり、肖像画入りの記念切手を発行するなどして顕彰されている。

ゾルゲの墓は東京都府中市の多磨霊園にあり、ロシアの駐在武官や情報機関員が定期的に訪れる。先人の霊を慰めるとともに任務の成功を誓うのだという。ソ連の駐日大使も日本へ赴任した際はゾルゲの墓を訪れる慣行もあった。ソ連崩壊後は、ロシア駐日大使に引き継がれている。

■証拠主義で合理的だった特高警察

尾崎が逮捕された直後に近衛内閣は総辞職した。そしてゾルゲたちが逮捕されたのは、第二次および第三次近衛内閣の陸軍大臣だった東條英機が、首相に就任したその日（十月十八日）だった。中国から撤兵して日米衝突を避けようとする近衛文麿は、譲歩は降伏であるといって激昂（げっこう）する東條を抑えられず辞表を出したのだった。兄・克明も、「総辞職は、尾崎検挙と関係があるのではないだろうか」と記している。

父・弘雄はしばしば近衛首相の優柔不断なところを憤ったり嘆いたりしていた。

「昨日、官邸から引き揚げるまでは俺の意見に賛成していたのに、次に誰に会ったのか知らないが、クルッと変わっている」

そう言って怒っていたことも記憶している。それこそ燃やしてしまった「佐々（弘雄）メモ」には、そうした一部始終が記されていたのだと思う。

不幸なことに日本の命運がかかった局面で、近衛首相の悪癖が出てしまったことになる。近衛グループにとって、陸軍を率いる東條の首相就任は、非常に剣呑な状況だった。事実、近衛内閣（第二次）で司法大臣だった風見章や、元老・西園寺公望の孫で、外務省や内閣嘱託をつとめた西園寺公一も検挙され、東條一派にとって目の上のコブだった近衛グループを一網打尽にしようとするかのような勢いがあった。

当時は、尾崎やゾルゲが逮捕されたことは極秘事項で報道は禁止されていたが、父が勤める朝日新聞社には、かなり真相に近い情報がはいってきたようだ。

すなわち、尾崎がソ連のスパイ組織・ゾルゲ機関の主要メンバーであり、長期にわたって日本の政界や軍部の動きをゾルゲに通報、あるいは指示を受けて近衛内閣を動かそうとしていたという、予想だにしなかった事実であった。

「尾崎は美食家で、おしゃれ、ブルジョア趣味だ」と言う父は、尾崎が共産主義者であるとは逮捕後もなかなか信じようとしなかった。親友の目をそこまで誤魔化すとは、スパイの鑑ともいえよう。

ともあれ、ついに父・弘雄に司直の手は伸びなかった。

この事件で動いていたのは、警視庁特高警察と検事局で、東條の手下の憲兵隊ではないたからである。

かった。これは思想事件ではなく、国家機密の漏洩というスパイ事件として捜査されて

実は、尾崎が逮捕されたのは、西園寺邸での朝飯会での尾崎と弘雄の会話が特高警察に筒抜けになっていたからだった。小型の盗聴器やテープ・レコーダーなどなかった時代なのに、どういうわけか、以下のような発言が当局に記録されていたのだ。

朝飯会の際、尾崎は突然、熱っぽく南進論を主張しはじめた。

「ソ連は、ドイツとの防衛戦争に手いっぱいだから、日本とことをかまえる意志もないし、その余力もない。日本は、日中戦争の手づまりを打開するには、石油資源などの豊富な南方に進出するしかない。日本の真の敵は、米英にほかならない」

尾崎は、近衛グループの幹部たちをまえにして、そんな熱弁をふるった。

それに対して、父や矢部貞治が、「尾崎君、それは危険ではないか。それでは、東條や軍主流の主張と同じじゃないか。それに、昭和研究会では、南進はいかん、ということになっているはずだ。どうして急に、そんなことをいうのか」「中国で泥沼戦争に陥っているのに、このうえ米英を敵として戦うのは、手傷を深くするだけだ。それに、日本が米英と戦うのは、それこそソ連を利するだけのこと。それに、戦争を拡大すれば、北辺の防衛力が低下する。弱い相手とみれば、かさにかかってくるのが、帝政ロシア時代から伝統の、ソ連のやりかただ。南進したら日本は亡びる」と、反論して大激論にな

っていた。

思想事件であれば、支那事変（当時の表現）の早期講和、日独伊三国同盟反対、対米英非戦論を主張する弘雄は「反戦分子」にされたことだろう。憲兵隊なら拷問もでっちあげも厭わない。

ところが、この捜査では「ソ連のスパイ」であった尾崎とどう関わっていたかという事実関係だけが問題にされたのである。

尾崎が突然、南進論を主張したのは、ゾルゲの指令だっただろう。ゾルゲには、スターリンが支配する最上級機関から、ソ連がヨーロッパと日本という二正面作戦を強いられぬよう日本の鉾先を米英に向かわせるという指示がでていたのである。

そのため、尾崎のその朝飯会での主張は、尾崎が「ソ連のスパイ」であるとの証拠にはなるが、父がそれに大反論し、南進論は「ソ連を利するだけのこと。それに、戦争を拡大すれば、北辺の防衛力が低下する。弱い相手とみれば、かさにかかってくるのが、帝政ロシア時代から伝統の、ソ連のやりかただ」と、極めて反ソ的な主張をしたために、少なくとも、父は「ソ連のスパイ」ではなかったという証拠にもなったのだ。

尾崎逮捕前後の捜査で、容疑が晴れたあと、ある特高幹部が、父に「職務上のことながら、疑いをもって捜査する非礼をお許しください」と言ったという。

一方、同じ朝日記者だった田中慎次郎と磯野が検挙されたのは、先述したように、陸軍省詰めの磯野記者が取材した軍の機密を、上司の田中に話し、田中が同期で親友の尾崎に漏らしたからであった。田中、磯野はもちろん、父と同じく尾崎がソ連のスパイとは思ってもいなかったであろうが、その軍事機密を、結果としてスパイに漏らしたということで検挙されたのだ（最終的には不起訴）。同じ尾崎と同僚、友人であっても、父が検挙されなかったのは、そういう違いがあったからだ。

「特高というのは、おかしなところだな。あんがいと合理的な証拠主義なんだな」と、自分への疑惑がなくなったことに、少しほっとした父が、特高警察の捜査をほめるような口ぶりで漏らした言葉が、兄の文章の中にあった。

「ゾルゲ尾崎事件」を乗り切った父だったが、一歩間違えると、別件で逮捕される恐れも無きにしも非ずだったのだ。というのも、兄は、特高に父が狙われるという体験をしていたためか、成蹊（せいけい）学園（中・高校）では、いささか「政治少年」として不穏当な言動をしていたようだ。先の『中央公論文芸特集』への寄稿の中でも、学校の担任教師が落とした「エンマ帳」を級友が拾い、「佐々克明」のところに、「父・社会主義者」と記されているのを見られて、「おまえのおやじ、赤なのか」とからかわれ、「その級友に殺意をさえいだいた」と記している。

そんなこともあってか、戦争が始まって、私が成蹊中学校に進学したあと、学校内でなんと兄は秘かに、黒赤のインクを使って「東條を殺せ」と書いたビラを撒いたりしたことがあったのだ。

たまたま、兄より一年下の学年にいた、のちの日銀理事となる緒方四十郎さん（当時の朝日新聞社最高幹部・緒方竹虎氏の子息）が、私に「お兄さんの行動は危険だから、君からお父さんに言って注意するようにしてもらいなさい」と言われて、素直に父に緒方さんの忠告を伝えた記憶がある。きっと、兄はこっぴどく注意され、その後は、そんな過激なことはしなくなったようだ。当時の日本では、子供でもそんなことをすれば、親に煽動されたのだろうということで、双方逮捕されるなんてことも起こり得たかもしれない。その意味で、緒方さんは、我が家の恩人ともいえる。

『私を通りすぎたマドンナたち』でも少し触れたが、彼は緒方貞子さんの夫でもある。成蹊の先輩として、大変お世話になった。残念ながら、二〇一四年（平成二十六年）に亡くなられたが、会合などで会うと、「おお、佐々くん、居たか」とよく声をかけられつつも、事あるごとに、「派手に動き回るな」「目立ちすぎるな」「静かにしておれ」と、愛情あふれる「小言」をいただいていたものだった。佐々家の子供は、兄弟揃って血気盛んだからということで、心配してくれていたのかもしれないと、今にして思うこのごろである。

■息子をカバーにして官憲の目を逃れた父

ゾルゲ事件で検挙されずにすんだとはいえ、太平洋戦争（大東亜戦争）が終わるまで、材木町六八番地（戦時中に野沢に引っ越しした）の佐々家には憲兵（塚本大佐）と特高警察（緒方警部）が一日ごとに交代で見張りに来ていた。

というのも、我が家は、二・二六事件で反乱軍となった青年将校、和平派や戦線の不拡大派の将官、さらには左翼と目された人々までやってくる梁山泊（りょうざんぱく）だったからだ。これも『私を通りすぎた政治家たち』で紹介したので多くは述べないが、戦局の悪化とともに、東條内閣により強権的な恐怖政治へと突き進んでいく時代、いつも憲兵隊と特高の目が光っていた。

そんな中で、私は初めて軽井沢に行った。父とふたりで行って万平（まんぺい）ホテルに泊まったのだが、父は私をホテルに残し、「おとなしくして待っていろ」と言って出かけてしまうのだ。ずっと後になってわかったことだが、父は子供連れで避暑に来ているように装って、こっそり近衛家の別荘で開かれた秘密の会合に参加していたのだった。私は、敵の目を欺（あざむ）くおとり、カバーの役目を知らぬまに負わされていたのである。

特高などの官憲の監視下におかれた少年時代を送っていた私が、後年、スパイを取り締まる側になろうとは、当時、もちろん知る由もない。

戦時下は防諜にきわめてやかましい時代で、新聞やラジオ、ポスターの標語などで、国民に「防諜意識」を呼びかけていた。新聞にはときどき「第五列」という言葉が載っていた。今ではまず目にも耳にもしない死語になっているが、「スパイ」とか「敵国に味方する者」といった意味である（通常、四列縦隊で行進する兵士の隊列の横に、目に見えない「第五列」目のスパイ軍団の隊列が並進しているという意味が原語である）。

だから「国を裏切る者は悪いやつだ」と素直に思っていたが、一方で、父や私、家族が疑いをかけられるのは間違っているという思いも強かった。権力を笠に着て、予断に基づく捜査や重箱の隅をつつくような取り締まりをするような〝官憲〟には腹が立った。

■衝撃の「ラストボロフ事件」

ゾルゲが所属していたGRU（ソ連赤軍参謀本部情報局）と並ぶ、ソ連の情報機関がNKVD（内務人民委員部）である。GRUが軍の諜報機関であるのに対して、NKVDは別系統の秘密警察で、反革命分子やスパイを摘発し、残忍な手段で社会を締め付けた国家機関である。KGBの前身というと、本国でいかに恐れられていたか、イ

謎のスパイ・ラストボロフ

メージが湧くかもしれない。

このNKVDに関連したスパイ事件が、戦後の日本で発生している。一九五四年（昭和二十九年）に起きた「ラストボロフ事件」である。

一月、駐日ソ連代表部の二等書記官ユーリー・A・ラストボロフが、東京のアメリカ大使館に亡命した。当初、駐日ソ連代表部は、同書記官が失踪、アメリカの情報機関に抑留（よくりゅう）されたと発表したが、実際は東京のアメリカ大使館に駆け込んで保護を求めたのだった。

ラストボロフは、実はNKVD所属の陸軍中佐で、大ボスのベリア内務相がモスクワで粛清（しゅくせい）されたことから、身の危険を感じて亡命したのである。

ラストボロフの供述から、終戦後、シベリア抑留中の日本人に対するエージェント工作の実態が明らかになった。早期帰国をちらつかせるなどしてソ連のエージェント（スパイ、協力者）になるよう誓約させられた「誓約引揚者」が約五〇〇人、その他、情報提供者を含めた潜在エージェントは八〇〇〇人以上にのぼることが判明したのだ。

日頃はまったく普通の生活をしているのに、ある日、指令が下るとスパイや協力者として目覚めて活動する潜伏諜報工作員「スリーパー」が日本の政官財界、さらにはマスコミ、言論界に存在することが明らかになり、多くの容疑者が警視庁外事課によって検挙されて大騒ぎになった。

アメリカに亡命したラストボロフを出張尋問し、国内のスリーパーの捜査にあたったのは山本鎮彦（しずひこ）外事課長。昭和十八年組のキャリア内務省官僚出身で、後に警察庁長官や駐ベルギー大使を務めた国際派だ。

ラストボロフの自供によって、警視庁外事課は関係者を次々と取り調べていった結果、ソ連諜報機関の日本人エージェントは三六名に及んだ。分類すると以下のようになる。

・ラストボロフと直接接触、または運用されていた者一五名
・ラストボロフ以外の機関員に運用されていた者一三名
・捜査中に判明した誓約引揚者八名

後年、私は外事課に配属になって、ラストボロフ事件の後始末捜査に従事するのだが、巻末に収録したラストボロフ事件関係者の表はそのときにつくったものである（住所・本籍などは略し、一部仮名にしている。外国人関係者なども含むため、三六名より多い人数になっている）。

■名前が挙がった〝反ソ三羽がらす〟

ラストボロフの失踪・亡命から半年あまり経って、日米両国で事件が発表された。

発表の同日、警視庁は同年三月に退官していた元外務省欧米局第五課事務官・日暮信則（暗号名・ヤバ）と、国際協力局第一課事務官・庄司宏（暗号名・ヨシダ）を逮捕した。

日暮は、ソ連から引き揚げ後、外務省に勤務するかたわら、総理府事務官として内閣調査室（「内調」に関しては第五章でも詳述する）との事務連絡にあたり、この間、国家機密の情報文書をラストボロフらソ連のエージェントに渡した容疑だった。

また庄司は国際協力局に勤務中の昭和二十六年十二月から昭和二十九年一月までラストボロフに情報を提供、毎月三万円の報酬を受け取っていた。

この三万円という金額、小学校教員の初任給が七〇〇〇円から八〇〇〇円だった時代である。相当な額だとおわかりだろう。

日暮と庄司は、在日米軍情報を流して金銭を受け取っていたのだ。通訳あがりの彼らは出世は望めない。報酬のために情報提供をしていたらしく、二人ともスパイ活動を開始した時期に、家を建てたり増改築していた。

数日後、経済局経済二課事務官・高毛礼茂（暗号名・エコノミスト）は、連行直前に首吊り自殺を図ったが未遂、検挙された。経済関係に関する日本政府の秘密資料を、ラストボロフ以外の機関員に渡し八〇万円を受け取っていた容疑だった。

意外だったのは日暮だった。激烈な反ソ的言動で知られ、新関欽哉、曽野明とともに外務省の〝反ソ三羽がらす〟と謳われていたからだ。

実は、この三人は、私にとっては〝指導教官〟とも言うべき存在だった。私が仲間たちと結成した「学生研究会土曜会」に、何度も講師として呼んでいたのである。

やや回り道になるが、この土曜会について少し説明しておく。

少し時代を遡ると、一九五〇年（昭和二十五年）六月に勃発した朝鮮戦争で、全国の大学に激しい反戦・反帝運動が広がった。私が東京大学法学部に入学して二か月あまりのときで、東大キャンパスにも立て看が林立、全学連の活動家たちが連日、アジ演説で声を張り上げていた。革命信奉者がうようよしていたのだ。

まだ先の大戦の記憶も生々しい時代だったから、もう戦争はこりごりだという心情は理解できた。しかし、暴力革命を肯定する日本共産党や全学連の主張に、私はまったく同意できなかったから、暴力革命に反対し、体制内改革を目指す同志を集めて結成、全学連に対抗する運動を展開したのが土曜会だった。

日本でも本当に暴力革命が起こりそうな雰囲気があった時代で、共産主義やソ連を信奉する勢力と渡り合うのはたいへんな勇気が要った。そんな中で私たちが東大で「ソ連批判連続講演会」を催したとき、大胆にも講師を引き受けてくれたのが外務省の課長や事務官だった新関・日暮・曽野の三氏だったのである。

逮捕後、日暮は思想よりも経済的な理由でスパイ活動をしていた旨を供述していた。反ソ三羽がらす、新関欽哉・曽野明と並ぶ一人が、そんな卑小な男だったとは……。私は裏切られたという思いも強かったが、とにかく恥知らずな男だと思った。われわれが講演会に招いたときの反ソ演説も、スリーパーであることを隠す演技だったのだ。講演料を受け取って偽装のための反ソ演説をしていたのである。

取り調べに対して、終戦時にモスクワ大使館でＮＫＶＤ（後のＫＧＢ）に獲得された「誓約引揚者」だったことなど素直に自供していた日暮だが、突然、東京地検四階の取調室の窓から飛び降りて自殺してしまった。

■懲役一年以内という軽い罪

取り調べを受けたひとりに関東軍少佐で情報参謀だった志位正二がいる。彼は、ラストボロフが亡命した直後の二月、警視庁公安部に自首してきたのだ。

終戦後シベリアに抑留されて「誓約引揚者」になった志位は、帰国後、ＧＨＱ参謀第二部（Ｇ２）に勤めた後、外務省アジア局調査員になり二重スパイとして活動、ラストボロフには日本の再軍備や米軍関係の情報を、約四〇回にわたって提供、六八万五〇〇〇円をうけとっていた。ラストボロフの亡命後、ソ連の機関員から呼び出されて「自殺しろ」と迫られ、以来、つねに誰かから見張られているような幻想に耐えきれなくなって、自首してきたのだった。

不起訴になり、ソ連東欧貿易会などに勤務し、シベリア開発の専門家になったが、一九七三年（昭和四十八年）、シベリアのハバロフスク上空を飛行中の日航機内で死亡した。死因は脳溢血（のういっけつ）とされ事件性は否定されたが、「御用済み」になってKGBに〝消された〟との噂は絶えなかった。

捜査対象になった三六名の日本人のうち、起訴され有罪になったのは、先述の高毛礼と貿易会社専務の遊佐（ゆさ）上治（暗号名なし）、日本共産党特殊財政部長の大村英之助（暗号名・ロン）の三名。遊佐は高毛礼に頼まれて米ドルを日本円に交換する役割、大村はソ連から二回で四五万ドルに及ぶ資金を受領、情報を提供していた。

高毛礼は国家公務員法、外国為替（かわせ）及び外国貿易管理法違反で懲役八か月、罰金一〇〇万円、遊佐は外国為替及び外国貿易管理法違反で懲役八か月、執行猶予二年、罰金三〇万円の判決を受けた。大村は長い裁判の末、昭和四十二年になって懲役二年六か月、執行猶予五年が確定している。庄司宏は証拠不十分で無罪となった。

騒ぎになった割りには、〝大山鳴動（たいざんめいどう）して鼠一匹〟ということわざのままの結末だった。

日暮の自殺は、事件の全貌を闇に閉ざそうとしたのか、不名誉を悔いたのかは定かではないけれども、刑罰を忌避したのではあるまい。

多くの国ではスパイは死刑か無期刑になる重罪だが、スパイ罪のない日本では国家公務員法違反か、外国為替及び外国貿易管理法違反で懲役一年以内という軽い罪である。この問題については後の章で詳しく述べたい。

■宏池会の事務局長の名前も……

また、この捜査対象者の中には、そのあと、自民党の大派閥（宏池会）の裏方（事務局長）として活躍したフジカケこと田村敏雄の名前も出てくる。

この人物については、康芳夫氏が『虚人魁人康芳夫　国際暗黒プロデューサーの自伝』（学習研究社）という本でこう書いている。ちなみに、康氏は、石原慎太郎氏も巻き込んだネッシー探検隊を結成したり、モハメド・アリ戦の興行、オリバー君招聘、アリ対猪木戦のフィクサーやトム・ジョーンズ来日公演を企画したりなど、さまざまなイベントのプロデュースをしている。

彼が、そうした「呼び屋」時代に所属していた会社が、ソ連のボリショイサーカスを日本に招聘するにあたって、この田村氏にお世話になっている。

本では「Aさん」となっているが、「元首相の池田勇人の大親友で、大蔵省時代の同期という間柄。そして日本が作った傀儡政権『満州国』の財務部長、つまり大蔵大臣を務めたキャリアを持っている。戦後シベリア抑留を経て帰国し池田勇人と『宏池会』を作って初代事務局長になった」と紹介し、「(彼が)ソ連のスパイだった、という情報」を池田首相は知らなかった、「当時この情報をマスコミは察知していたが、事があまりにも重大なので、マスコミ首脳部が政府関係者との『談合』によりにぎりつぶしてしまったのだ。私が親しくしていたいまは亡き本田靖春は、当時すでに読売社会部の花形記者で、彼もこの情報をキャッチしていたが、それを記事にできずに、バーで飲みながら怒りをこめてボヤいていたのが目に浮かぶ」「(Aは)最後に公安当局の取り調べを受けるのだけれど結局、公安は政治的立場や自民党内の混乱を考慮してか、シベリア抑留中にソ連政府にいろいろな弱みを握られて協力をやむなくさせられた、という事情を配慮したことにして、事件を灰色決着で終わらせてしまった。真実は藪の中だ」と書いている。

だが、ボリショイサーカスを日本に招聘するにあたっては、彼のソ連との深いコネがあったからこそ実現したという。

ラストボロフ事件で、こうした実在する人物を登場人物にして「小説」として巧く描いた作品に、三好徹氏の『小説ラストボロフ事件　赤い国からきたスパイ』（講談社文庫）がある。

三好氏は、「小説」と銘打っているが、「ノンフィクションをつづりたいという衝動」にかられたという。「それを断念しなければならなかったのは、現存している関係者があまりにも多いという理由に因る」としていた（昭和四十六年の時点）。

また、ノンフィクションとしては、檜山良昭氏の『祖国をソ連に売った36人の日本人』（サンケイ出版）がある。

こちらにも、フジカケこと田村敏雄が「荒川好夫」として登場する。

檜山氏は、「その後荒川は首相となった池田勇人の後援会『宏池会』の事務局長となった。警視庁公安第三課は、その後も彼はソ連側に協力しているのではないかという疑いから、昭和三十五年十月から昭和三十七年八月までの間に内偵捜査をした。しかし、疑惑を裏づけるような証拠は現れなかった」と記している。関心のある人は参考にするといいだろう。

また『世界』（二〇一六年一月号）で、野田峯雄氏が「ラストボロフ　謀略の残影」という論文を書いているが、ここでは田村敏雄が本名で出てくる。

「戦前に大蔵官僚だった田村敏雄もそのひとりだ」「警視庁公安部はラストボロフの弁明データを手にして田村を洗い、『彼はフジカケと呼ばれた手先』との結論を出す。しかし、奇妙ではないか、田村はなぜか逮捕されず、さらに起訴を免れている」

■外国人スパイを運用した体験

敗戦直後の人心をすさませた混乱を知る人も少なくなった。私が青春時代を過ごした昭和二〇年代は、イデオロギーの嵐が吹き荒れ、革命の気配すらあった時代である。

そうした体験から「良好な治安こそ最大の社会福祉である」と確信するようになった私は、国民全体の奉仕者として治安を守る警察官を志望した。また、高校時代に父を亡くし、日本育英会の特別奨学生として月額三五〇〇円の支給を受けていたから、国民への恩を強く感じていたことも決断の大きな理由であった。

大学を出て国家地方警察本部（現・警察庁）に入ったのは一九五四年（昭和二十九年）四月一日。もう六〇年以上も前のことになる。奇しくも、先のラストボロフ事件が「公表」された年だ。その符合からも、私にとって、スパイとの関わりは運命的なものがあったともいえる。

警察に入って以降、警察、防衛、内閣と歩んできた私の危機管理人生を振り返ると、経歴としていちばん長いのは〝外事警察〟の情報官・捜査官である。

次章で述べる六か月のワシントン派遣、国際警察官の訓練留学を経て、一九六〇年

（昭和三十五年）、警視庁外事課長代理、ソ連・欧州担当の主任警部としてスタートしたのであった。

〝外事警察〟とはスパイや国際テロからわが国を守る仕事である。近年、同名のテレビドラマが放送されたから、ご覧になった人もあるかもしれない。中心となる任務はスパイ・キャッチャー、要するに「スパイ取り締まり」で、近年はテロリスト・ハンターの重責も加わっている部門である。スパイやテロリスト、あるいはその種の人員を送り込んでくる国や組織に関して情報を収集・分析、そして法に則って厳正に対処する。

私が捜査に携わった事例は後ほど述べることにして、〝スパイ〟にまつわる個人的な体験やエピソードを今しばらく続けよう。

スパイを取り締まる側になった私だが、もう明かしてもいいころだろう。実はスパイを運用していたことがある。

一九六五年（昭和四十年）から三年半、香港領事を務めていたときのこと。『香港領事佐々淳行』（文春文庫）で少し触れたように、大陸情勢について元国民党政府軍准将の孫履平氏からアドバイスをもらっていた。L・P孫という名で知られたこの老紳士が、暗号名「エル」あるいは「エルピー」という日本の外務省の極秘エージェントであり、警察から出向して領事を務めていた私が運用するスパイであった。

国府軍の将軍だった彼は、一九四九年（昭和二十四年）の中華人民共和国の建国とともに香港に亡命していたのである。国府軍と人民解放軍は敵同士になったが、将軍クラスはともに蔣介石の下で育っているから、実際はかなり深い付き合いがあり、そうしたところから大陸の内情が伝わってきた。あの失脚した林彪とも中日戦争の頃は戦友だと言っていた。彼からのそうした大陸内部、中共（中国共産党）関連の情報を私は外務省中国課に送っていたのだ。

　私が領事を務めていたころ、日本と中国（大陸）とはまだ国交がなかった。中国は文化大革命によって混乱と混迷をきわめ、ほとんど新たな内戦の様相を呈していた。香港にも中国から逃れてくる人々が沢山いたし、共産シンパによる暴動が起こるなど、不安定きわまりない状況だったから、彼のもたらす中国の内部情報は貴重だった。

　中国共産党の人事系統、毛沢東・林彪・周恩来の職歴、人間関係、共産主義中国の裏話……。ついこの間まで「友人・戦友同士」だっただけに、豊富なエピソードを交えて語ってくれた。新聞にもどこにも出てこないことばかりで、真偽のほどは「神のみぞ知る」ではあったが、軍事情報に関する限り、仮に針小棒大なものがあったとしてもまことに筋の通った話だったから、それなりに信頼できた。

　外務省の中では彼の情報を軽視する空気もあったけれども、後から中国政府が公表した内容と突き合わせてみると、孫氏が文化大革命の間、通報してきたことにほぼ合致していた。中国の序列ナンバーツーで毛沢東の後継者とされていた林彪がクーデターに失敗してソ連に亡命する途上、墜死した事件も、それに至るまでの内情が逐一報告されていたのである。すでに私は帰国し、外務省から離れて、古巣の警察庁警備局で過激派との戦いに忙殺される日々だったが、林彪墜死の知らせに、「それみたことか」と独りごちたのだった。というのも、孫氏が伝えていた文革での党内対立の様相などに関して、外務省関係者は、当時の中共ベッタリの朝日新聞のように（？）「こんなデタラメな報告は信じられない」とよく語っていたからだ。

■アジア情報戦の中心・香港

〝東洋の真珠〟と謳(うた)われ、〝一〇〇万ドルの夜景〟が賞賛されてきた香港。香港島と対岸の九龍エリアを中心とするわずかな面積に、中国とイギリスの歴史と文化が重なって、美しさも混沌の具合も飛び抜けていた。

ご存じのとおり、香港は一九九七年（平成九年）七月一日をもって中国に返還された。九九年間の租借(そしゃく)条約によるイギリスの植民地だと思っている人も多いが、香港島と九龍市は実は永久割譲(かつじょう)されたイギリスの領土だった。その他の九龍半島、新界地、附属島嶼(とうしょ)が一八九八年七月一日の租借条約で植民地となった土地だった。

したがって、香港の中国返還というのは租借地では主権が中国に返り、割譲された香港島と九龍市はイギリスから中国へ譲渡されたのだった。

では、当時の香港とはどんなところだったのか。

戦争中に日本が占領していた香港は、中国に返還されず、再びイギリス統治になっていた。というのも、第二次世界大戦の日本の敗北によって、中国には蔣介石の国民政府（中華民国）が建つのだが、毛沢東率いる中国共産党は従わず、イデオロギーの対立から激しい内戦に突入し、最終的には毛沢東が勝利をおさめ、中華人民共和国が成立する。

大陸での内戦から逃れてきた人々、そして中華人民共和国建国で共産主義体制から脱けだしてきた人々で、台湾に行かなかった人たちが香港にやってきて人口は急増する。戦前の一八〇万人が、私が着任したころには約三六四万人と倍増していた。

それだけの人々が、ほぼ成田国際空港九個分（約三三平方マイル＝85平方キロ）の香港島と九龍市にひしめいていたのである。地震がないことが幸いして、相当ぼろぼろの建物でも上へ上へと延びて高層建築が林立しており、住民たちは、文化から住まいまで文字通り重層的に暮らしていた。

そうした経緯、土地柄をもつ香港は、朝鮮戦争に介入して孤立した中国にとって、イギリス領ながら唯一西側世界に開いた窓口である。各国スパイが交錯するアジア情報戦の中心であった。

■ＭＩ５に監視された私

私の任務は、中国・国民政府（国府）の政治情報、香港警察とのリエゾン（連絡将校）、麻薬・金・武器などの密輸・密入国の取り締まり、犯罪調査、司法共助、中国引揚・旅行日本人からの情報収集など、広範なものだった。

しかも、私が香港に在勤したのは、一九六五年（昭和四十年）から一九六八年（昭和四十三年）にかけて、ベトナム戦争と文化大革命のあおりを受けて、暴動、英中国境での銃撃戦、爆弾事件、外出禁止令と立て続けに、大きな事件や衝突が起こるような時期だった。そんなバックグラウンドの中で、日本の極秘エージェントとして孫将軍を運用していたのである。

イギリスのＭＩ５（保安部）は、各国の合法・非合法の情報関係者を監視していた。私の行動も香港警察のスペシャル・ブランチによって監視され、電話は盗聴されていた。日本でスパイ容疑者らを監視していた私が、香港では監視対象にされて新鮮な驚きがあった。

電話が鳴って、受話器を取るとぷつんと切れる。通話中に雑音が入ったり音が小さくなったりする。はは ぁ、所在確認や盗聴だなとわかるのだが薄気味が悪い。私の妻を装って「主人はいまどこにいるんですか?」という電話が領事館にかかってきたこともあった。おおかたスペシャル・ブランチの私服が私を尾行していて見失い、女性捜査官を使って所在確認をしたのだろう。

イギリス領香港だから、所管しているのは国内担当のMI5だ。こちらは味方のつもりなのにと、無念の思いであった。外事課で尾行する側だったからすぐ気がつくのだが、される側になってみるとあんなに不愉快なものはない。

なぜ、私を監視するのかといえば、日本警察の海外駐在官、すなわち情報官は、彼らにとっていちばん大切な英中友好関係を乱す可能性があると思われていたからだった。最大の監視対象は、内戦で台湾に追い落とした国府軍特務、次いでアメリカのCIA、韓国のKCIAだ。もし日本の情報官が彼らに味方する可能性を想定すれば、日本も監視対象になるわけだ。

したがって、たとえばアメリカ総領事館の情報担当領事と接触するときには、「セーフハウス」と呼ばれる秘密の部屋を借りて、そこで秘密裡に会う。

尾行されていないか尾行点検をした上で、セーフハウスに集まって情報を交換、別々に出て帰る。約束の時間に相手が現れなかったときは、「ガサを食っている」「尾行がついている」など事情があるのだから、すぐ逃げる。

もっとも気をつけなくてはいけないのがハニー・トラップだ。向こうから近寄ってくる美人がいたら、おかしいに決まっている。

そんなスパイ小説さながらの日常だった。

■地元上流階級は上海蟹をどう食べる？

暗号名「エルピー」から、孫氏のことを私は「ピーさん」と呼んでいた。

家族同様の付き合いをしていたから、家内はピーさんの奥さんから、日常の買い物など、香港生活に有用なあれこれを教えてもらっていた。元国民党政府の将軍夫人だけあって顔が広く、地元有力者のご夫人から、病院、学校まで紹介してもらってずいぶん助かった。

秋になるとピーさん夫妻から「上海蟹（シャンハイがに）を食べましょう」と、夫婦で招かれた。日本の松茸のごとく、香港では上海蟹が秋の味覚として珍重されており、季節がくると料理店はお得意様の裕福な香港人に入荷を知らせるのである。香港や上海など広東（カントン）系の中国人にとっては宝物みたいな扱いだった。

今では日本でも上海蟹が食べられる店があるけれども、私たちはこのとき初めて食べた。たしかに蟹味噌は美味かったが、小振りで脚は細いし身もわずかしかない。大騒ぎして食べるのが不思議に思われた。

驚いたのは、ピーさんたちの食べ方だった。関節を上手にはずして、フォークや爪楊枝で身をきれいに取りだし、甲羅や脚をまた組み立てると、ツメの先まで中身がすっかり空になった上海蟹ができあがった。これをレストランでやって見せると、とても尊敬されるのだそうだ。

子どものころから、こうした食べ方に慣れ親しんでいないとできるものではない。裕福な人たちならではの楽しみだった。

いちばん印象に残っているのが、今は埋め立てによって九龍の一部になっているストーンカッタース島で日本海軍将兵の遺骨収集をした日のことだ。香港島と九龍半島の間に横たわる島に、特務艦「神威（かもい）」以下五隻の戦死者たちの遺骨があることが判明しており、新米領事の私に課せられた最初の大仕事が、これを収集して日本へ持ち帰ることだった。

詳細は『香港領事佐々淳行』（文春文庫）で記したので、簡単に述べるだけにとどめるが、これは非常に困難な任務だった。というのも、当時の香港ではどこかで人骨が出るたびに「日本軍に虐殺された中国人の骨だ」と大騒ぎになっていたから、日本政府も香港政庁も、ごく内密かつ慎重に作業をする必要があったのだ。加えて島は英軍基地になっていた。英陸軍のオフィスを訪ねて交渉すると、戦死者は死んだ現地に埋めて安らかに眠らしめよというのが英軍の慣わしであり、香港中国人の反発を避けたいという理由から、あまり歓迎しないという姿勢が顕わだった。

厚生省引揚援護局は遺骨収集団や係官を派遣せず、外務省も一切を香港総領事館に任せることが決まり、すべてが私に任されることになった。英陸軍からは同島への立ち入りは佐々領事一名に限って許可するという意地悪な通告だ。

■〝ピーさん〟の来訪に感動

具体的な発掘作業について交渉した結果、①英軍は発掘作業に参加しない ②苦力(クーリー)四〜六人の同行を認める ③英軍は上陸用舟艇を準備 ④同島立ち入りは一日のみ、作業時間は午前九時半から午後四時半まで。発掘しきれなければ打ち切りなどが決まった。私を含め五〜七人という少人数で、百数十体の遺骨を七時間という時間制限の中で掘り出して回収するという厳しい条件だった。

当日は、四人の苦力と私で島に渡った。日本人は私ひとり、無理難題といえども何としてもやり遂げねばならない。

発掘を始めるにあたって、私は苦力にチップを与えて、直立不動で整列してもらい、「私はいまから日本海軍の鎮魂歌を歌うから聴いてほしい」と述べて「海行かば」を歌った。

「海行かば水漬(みづ)く屍(かばね)、山行かば草生(む)す屍」

同行していた英軍曹長が「何の歌だ？」と聞いたので、「日本海軍のレクイエムだ」と答えると彼は帽子を脱いでくれた。

そのあと、炎天下、私もスコップを手にとって、一心に掘り続けた。「頭蓋骨だけは手で掘ってくれ」と、手本を示すと苦力たちも素直に手掘りしてくれた。

一体も残してはならじと泥まみれになって作業を続けていると、監視していた数名の英国兵士たちが自発的に作業を手伝ってくれて、時間内に一五一体を回収できたのである。

頭蓋骨の中には、直撃弾（十三ミリ）が当たったらしい跡が残っているものも見つかった。歯が真っ白に並んでいたものも多く、亡くなった、若かったであろう兵士に思いを馳(は)せた。

およそ半トンの遺骨を袋に入れ、上陸用舟艇がストーンカッタース島を離れようとしたとき、思ってもみなかったことが起きた。

冷淡だった監視隊長のミルトン大尉が、部下を整列させ、「アテーンション」と叫んで、英軍式の挙手の礼をしたのである。兵士たちは不動の姿勢で旧日本海軍将兵の遺骨を見送っていた。武人の情に国境はない。私は目頭が熱くなった。

こうした我々の一連の遺骨発掘に関しては、当時の読売新聞の香港特派員であった星野享司氏が報道もしてくれた。懐かしい思い出だ。

その夜遅く、疲れ果てて帰宅すると、見計らったようにピーさんが現れた。わが家のベランダからビクトリア湾越しに見える、闇に浮かんだストーンカッタース島に向かって合掌し「国のために戦って死んだ軍人の霊は慰めなければいけない。戦死者を大切にしなければ、いい軍隊は育たない。感銘をうけた」と言って、戦死者に黙禱(もくとう)を捧げてくれた。

かつて日本軍と戦った側の孫将軍が、わざわざ私を訪問して、戦死者を悼(いた)む気持ちを伝えてくれたのだ。私はまたも、目頭が熱くなるのを押さえられなかった。その礼を尽くした姿を鮮烈に記憶している。

■我が友、フレデリック・フォーサイス

スパイ小説の第一人者として知られるフレデリック・フォーサイス氏が、英秘密情報

ウォッチャー（フォーサイス）よりキャッチャー（私）へのサイン入り

部（ＭＩ６）と二〇年以上にわたって情報交換などを通じて協力関係にあったというニュースが最近流れた。

フォーサイス氏は、シャルル・ド・ゴール仏大統領暗殺未遂事件を描いた小説『ジャッカルの日』（角川文庫）でデビュー、スパイの世界をリアリスティックな筆致で描いて世界的に有名になった。ナチス支援の秘密組織と若いドイツ人記者の暗闘がテーマである『オデッサ・ファイル』（角川文庫）、アフリカの小国でのクーデターを描いた『戦争の犬たち』（角川文庫）など、大きな舞台設定と、当事者でしか知り得ないような情景の描写、緻密な表現は群を抜いていた。

工作活動をするスパイとそれを追う警察、息詰まる両者の攻防は迫真の場面の連続で、外事警察にいた私でさえもが、生々しさに引きこまれたものだ。後述するように、フォーサイス氏は私の友人でもある。

彼の自伝の出版にあわせて行われたインタビューで、フォーサイス氏が包み隠さず語ったのだそうだが、「なるほどそうか」とうなずけるものだった。

インタビューの中でフォーサイス氏は、初めてＭＩ６から接触を受けたのが、フリージャーナリストだった一九六八年（昭和四十三年）、ナイジェリア東部州独立をめぐる内戦の取材中だったことを明かしている。

これを機にＭＩ６の協力を得て、スパイの暗躍する事件の詳細を取材するようになり、『ジャッカルの日』によって世界各国にファンを持つ小説家へと大成したようだ。

実際にスパイ活動に従事したこともあったらしい。一九七三年（昭和四十八年）、東ドイツに派遣されＭＩ６協力者のロシア人大佐と接触、ドレスデンの博物館トイレで包みを受け取り、国境を越えようとしたところ、警察の検問で止められひやりとしたこともあったという。

ＭＩ６は小説の取材活動に協力する一方で、内容をチェックしたこともあったようだ。ジャーナリストであれば非難されるかもしれないが、小説家なら問題にならない。実際、このニュースも著名な作家のトピックという扱いだった。

すでにお気づきのように、一連のＭＩ６の行動自体、ＭＩ６の味方を増やそうとするインテリジェンスの一環である。一種の宣伝工作なのだが、フォーサイス氏自身、そのことはよく理解していたに違いない。自分の活躍できる場所で、母国・英国のために、たゆまず歩み続けたのだと思う。

■スパイ小説に実名で登場

フレデリック・フォーサイス氏が「ＭＩ６の友人たちから、東京に行ってサッササに会えと勧められた」と言って訪ねてきたのは、私が防衛庁の官房長だったときである。一九八三年（昭和五十八年）のことだった。

フジテレビから日本を舞台にしたテレビ映画用のストーリーを依頼されたとのことで、取材にやってきたのだ。日英の警察・情報機関の協力で、テロリストから首相官邸を守るというストーリーが想定されていたようだ。

彼が聞きたがったのは、日本の警察の組織、命令系統、階級、職務分掌、ほかの官庁との協力体制や首相官邸内部の構造などだった。なるほど、そういうところを、現実味と絵空事を大きく分かつ核心部分だと考えていることがよくわかって、強く印象に残った。

もっともテレビ映画の話はフジテレビの方針が変わったようで立ち消えになり、『ハイディング・プレイス』（フジテレビ出版）というタイトルで小説だけが出版された。こんなプロットだった。

アメリカへの亡命を求めて北海道に逃亡してきたソ連の科学者と、その抹殺を狙うＫＧＢ。総理大臣の特命を受けた警察ＳＰ隊長が、亡命科学者を隠したところ、隊長の家族が狙われる——山本という名の、ＳＰ隊長のモデルが私だった。

この本と同時期、フォーサイス氏は『第四の核』（角川文庫）という長編小説を上梓（じょうし）

している。

イギリス政府転覆を狙い、ＫＧＢのスパイが下院選挙のタイミングを見計らって、超小型の核兵器をイギリスに仕掛けようとする。これをささいなきっかけで察知したのが上司に干されたＭＩ５の捜査官で、優秀な頭脳と行動力でスパイを追い詰めていく、というストーリーである。

タイトルの「第四」というのは、核拡散防止条約の四番目の議定書という意味で「持ち運べる核兵器」を指すらしく、鞄サイズにまで小さくした核兵器を、スパイが少しずつ部品を運び込んでイギリス国内で組み立てる。その暗躍がひとつの見所になっていた。

この小説でＭＩ６長官、サー・ナイジェルとして登場するのが、かつて私のカウンターパートだったティム・ミルンのようだ。

『第四の核』の中に、日本のイギリス大使館に勤務していた若き日のナイジェル（まだサーではない）が、ある外交関係のパーティーの席上、日本のサッサ警視から、ソ連外交官アンドレーエフを「あいつだ」と顎(あご)で合図されるという場面がある。日本の警察がその男は、外交官をカバーにしたＫＧＢのスパイだと捕捉したものの、日本の法律では何もできないので、東京における彼の日本人女性との関係の情報をそれとなくＭＩ６に提供するのである。これがスパイの弱みと気づいたＭＩ６が、巧みな罠で恐るべき写真と録音テープを揃えて脅し、工作員としての獲得に成功するのである。その男がやがてロンドンに赴任することになり……となっていく。

実は、このシーンは私がティム・ミルンに、「あいつがＫＧＢのスパイだ」と、かつて示したときのエピソード、実話をもとにしているのである。フォーサイス氏に「たとえば……」と言って挙げた事例だった。

それはいいのだが、物語でサッサ警視を説明する部分に、あさま山荘事件の人質救出・犯人逮捕の指揮や、騒擾（そうじょう）事件の警備や、外事警察官としてのスパイ取り締まりなど、警察の対テロ対策部のチーフと書かれていて、実名で出たために大騒ぎになってしまった。

当時の私は防衛庁の官房長で、スパイ捜査の現場から離れてはいたが、取り締まり側の実名をスパイ小説に出されるのはいかにもまずい。だが、フォーサイス氏は私に対する御礼のつもりで書いていたのだった。

警察の広報活動になるのだから問題ないだろうと思ったらしい。イギリスなら、そうやって警察内外でたいへん尊敬されて、勲章がもらえて報酬もあるから日本でもそうだろうと思っていたらしい。日本と英国は共通点もたくさんあるが、この点はまったく違うのに……。

そんな後日談もあって、フォーサイスと友人になった。

彼の作品ではスパイ、特殊部隊、軍、警察などが重要な役回りやテーマとして登場する。クレムリンの内部にせよ、武器の持ち込みや取引の方法といったスパイ活動のディテールにせよ、本当に見てきたようなリアリティと臨場感がある。そのあたりは、クレムリンを訪問したことのある知人、外交官などから詳細に取材していたからであろう。

私に取材をしにきたように、ＭＩ６や大使館に関係するような人脈ネットワークをもっていて情報を得ていたことは明らかだった。だからＭＩ６との協力関係もさもありなんと、驚かなかった。

第二章

スパイ・キャッチャーだった私

できる。

■各界を震撼させた「レフチェンコ事件」

諜報活動（インテリジェンス）、いわゆるスパイが目的とする活動は次の二つに大別できる。

ひとつは、国家機密の探知、収集活動である。諜報活動によって得た情報は、ときとして政策決定にきわめて重要な役割を果たす。「日本は南進政策をとる。北進してソ連を攻撃する意図はない」というゾルゲの報告によって、ソ連軍の部隊配置の変更が可能になったのはその典型、かつ大成功した例だ。

そしてもうひとつが、積極工作（アクティブ・メジャーズ）と呼ばれる謀略活動である。これは対象国の政策や世論などを、自国にとって都合のよい方向に誘導することだ。アクティブ・メジャーズの代表例をひとつ紹介しておこう。戦後のスパイ事件として最大級の注目を集めた「レフチェンコ事件」である。

これは一九八二年（昭和五十七年）七月、アメリカ下院情報特別委員会秘密聴聞会で、

リストを発表するレフチェンコ

アメリカに亡命中の元KGB少佐のスタニスラフ・レフチェンコが、ソ連の工作活動について証言し、多数の日本人エージェントを操作して政治工作を行なっていた実態を明らかにしたことから、大騒ぎになった事件である。

一九七五年(昭和五十年)二月、レフチェンコはソ連誌『ノーボエ・ブレーミア(新時代)』の東京支局長として来日している。彼の本当の任務は、「日本・アメリカ・中国の離間」「親ソ連ロビーを植え付け、育てること」「日ソ善隣協力条約の締結」「北方領土返還運動の鎮静化」といった政治工作を行うことだった。

すなわち親ソ派を増やし、親ソ連の世論を形成することが目的だ。一九七九年(昭和五十四年)十月にアメリカに亡命するまで、彼は日本の各界でひそかに情報を収集し、デマ情報を流していたのである。

レフチェンコの証言から日本におけるKGBの実態があきらかになった。

レジデントと呼ばれる在日KGB機関長の下に「ラインX(科学技術情報担当)」「ラインN(非合法活動支援担当)」「ラインKR(防諜担当)」「ラインPR(政治情報担当)」が組織されており、「ラインPR」は「アクティブ・メジャーズ班」「アメリカ担当の主敵班」「中国班」で構成されていたことが判明した。

さらに米議会に提出した日本人エージェントのリストが、日本の公安警察にも回ってきたものだから国内は騒然となった。

「レフチェンコ・メモ」には、彼が直接運営していた日本人エージェントのコード・ネームと実名、さらに存在を知っていた日本人のコード・ネームが記されていたのである。

■すでに監視されていたエージェントも

実名が挙げられた者は、石田博英（元労働大臣／コード・ネーム＝〈以下同〉フーバー）、勝間田清一（元社会党委員長／ギャバー）、伊藤茂（社会党代議士／グレース）、佐藤保（社会主義協会事務局長／アトス）、杉森康二（日本対外文化協会事務局長／サンドーミル）、山根卓二（サンケイ新聞編集局次長／カント）、三浦甲子二（テレビ朝日専務／ムーヒン）、山川暁夫（雑誌『インサイダー』編集者／バッシン）などだった。

その他にも自民党や社会党関係者、官僚、マスコミ関係者、学者、財界人などの「コード・ネーム」も何十人と明らかにされた。

実名の挙がった人たちは全員が否定した。警察も捜査を進めたけれども、結論を述べれば犯罪として立件するには至らなかった。日本にはスパイを禁じる法律がない。外事課に限らず警察はあくまでも法に則って活動するから、怪しくてもそれだけでは逮捕や立件できないのである。

もっとも、実情を明かせば警察はまったく寝耳に水だったというわけではない。レフチェンコは日本にいたときから、政治工作担当のソ連の情報機関員だと認知されていたため、監視の過程で、実名の出た日本人エージェント全員とは言わないまでも、かなりの部分をつかんでいた。

これが事情聴取の際、役に立った。というのも、レフチェンコと接触するようになった経緯や回数など、最初から正直に話す人はまずいない。そんな場合、警察がつかんでいる内容を提示すると、ようやくつつみかくさず話してくれるようになるのである。

日本人エージェントの中には、さまざまなスパイ技術を教えられた者もいた。

たとえば、接触の場所でタバコを吸おうとすると、次回の接触場所となる喫茶店のマッチを渡されるなどは序の口で、決められた日時に決められた場所を歩きながら、情報の入った容器を落とす「フラッシュ・コンタクト」という技術の訓練を受けたエージェントもいた。すぐ後を歩いてきたソ連人運営者がすかさず拾うのだ。

情報の入った容器を人目につかない公園のベンチなどに置いて立ち去らせ、数分後に運営者がやってきて回収する「デッド・ドロップ」に比べるとずっと難しいから、「誤解だ。スパイ行為などしていない」と弁明しても信じがたい。

それでも逮捕には至らなかったのであるが……。限りなく黒に近くても、スパイ技術を習得したり用いたりしていただけでは、罪に問えないのである。

■積極工作でつくられた親ソ世論

社会党にソ連の資金が流れていたことも暴露された。レフチェンコはコード・ネーム「キング」という社会党大物議員に三〇〇万円を渡したことや、ソ連共産党から社会党への資金提供も明らかにしたのだ。「友好貿易」組織と秘密協定を結んで、貿易の純利益から一五～二〇％を社会党の特定派閥に提供するという手法だという。

もちろん大物議員は金を受け取ったことなど認めない。社会党は「亡命したスパイの証言など信じられない」「CIAの謀略である」などと猛然と反発した。レフチェンコはマスコミにも重点的に接触していたから、社会党の肩を持つ論調が少なくなかった。

確かに証言の信憑性を疑い、このタイミングでレフチェンコ証言が出てきた背景も含めて追及することも必要だとは思う。

だがしかし、まず第一に追及されるべきはKGBが日本で行なった積極工作活動の内容である。誰がどう接触したのか、何を渡して、どんな報酬を受けたのかなど、事実関係を明らかにすることから始めなくてはなるまい。

まして一国の公党が、資金援助などを通じて外国の諜報機関にコントロールされるなどあってはならない。国家としての自主独立を放棄したのと同義の、途方もないスキャンダルなのだ。

客観的事実を調査することもなく、「ＫＧＢの活動は検証してはならない」と言うのなら、ＫＧＢは神聖にして不可侵の存在だと主張するのに等しい。

ところが社会党は、事実関係を真剣に調査することもなかった。日本人は社会党に見切りをつけたのだろう。その後の社会党は衰退の一途をたどるのである。

一九六〇年代、メディアには「社会主義国の核兵器は、帝国主義国の起こす戦争に対する平和の力として所有するのだ」という言説があった。一九七〇年代〜八〇年代はソ連の中距離弾道核ミサイルＳＳ20の配備には文句を言わないけれども、対抗する西側諸国の対策（パーシングⅡ配備）には、徹底的に批判、非難するという風潮があった。どう考えても、現実認識に目を閉じ耳をふさいで、偏った価値判断ばかり声高に唱えていたとしか言いようがない。こうした親ソの世論、風潮自体、積極工作（アクティブ・メジャーズ）でつくられたものだったと気がつかなくてはならない。

ＣＩＡの公用便箋にタイプされた、「ＣＩＡ作成 情報提供者一覧」というリストが出回ったのも、ＫＧＢが偽造し、ばらまいたものだとレフチェンコ証言で明かされた。名前が挙がっていたのはソ連に批判的な財界人、学者、ジャーナリストで、ＣＩＡの手先に見せかけることで社会的信用を失墜させようという狙いだった。反米の世論形成を狙った典型的なアクティブ・メジャーズである。あくまでもアメリカの陰謀、CIAの策略だというのなら、ソ連の工作が相当長けていて、容易にその呪縛から解けていない証左にほかならない。

一方、親ソ派育成のために狙われたのが、イデオロギー的に近づきやすい社会党だった。ソ連の共産党国際部とKGBは、もっぱら若手党員をソ連に招いて歓待し、毎日数時間ずつ意見交換や勉強会を繰り返して、ソ連の立場を支持するよう〝洗脳〟したのである。

実際、一九七〇年代の社会党内では、とくにソ連を社会主義の祖国と信奉する派閥・社会主義協会の影響力が非常に強くなっている。九州帝国大学で、父・佐々弘雄の「同僚」だった向坂逸郎氏が、社会主義協会のボスとして当時の社会党を牛耳り、親ソ派の巨頭であったことは有名だ。そのために、党内右派の江田三郎氏が「追放」され、彼はのちの「社会民主連合」を結成していく。

向坂氏がソ連のエージェントであったというわけではないが、社会党左派政治家を中心に、KGBの工作は着実に成果を上げていたのである。

■ソ連スパイになっていた元陸自幹部

レフチェンコ証言が世に出たとき、私は警察庁から出向、防衛庁の教育担当参事官をしていたから、直接には捜査や事後処理に関わってはいない。かつて携わっていた外事警察の日常——スパイを監視し、証拠を固め、協力者を追い、何とか検挙してやろうと闘志を燃やした日々や、今日も続いているであろう地道な頑張りに思いを馳せながら、防衛庁内外のよろず問題の指揮調整や国会対策に忙殺されていた。

防衛庁時代、印象に残っているのはコズロフ事件（宮永スパイ事件）である。

これは、陸上自衛隊元陸将補の宮永幸久が、ソ連の諜報機関・GRU（ソ連軍参謀本部情報総局）の工作を受けてスパイになり、自衛隊在職当時の部下二名から防衛庁の秘密資料を入手してソ連に提供、報酬を受けていた事件で、宮永は一九八〇年（昭和五十五年）一月に、自衛隊法（守秘義務）違反の罪で逮捕、起訴された。

陸将補というと諸国の軍隊では少将に相当する高級将校である。ソ連情報の専門家で調査学校の副校長も務めた幹部自衛官がソ連のスパイになっていたというのだから、防衛庁は上を下への大騒ぎになった。

きっかけは、定年退官を翌年に控えた宮永が、一九七三年（昭和四十八年）十二月、再就職の斡旋を求めてソ連大使館の武官、P・I・リバルキンに相談したことだった。

長年ソ連情報の収集・分析をしてきた幹部が突然やってきて、「対ソ貿易の商社を希望していたが、うまくいかない」と言って再就職の相談などしたものだから、ソ連側も面食らったようだ。何か裏があるのではないかと疑ったらしい。

調査してみると、彼が家庭的にも経済的にも恵まれていないことが判明、リバルキンは好機とみてエージェント工作を開始、最初は中国関連の公刊情報にコメントをつける程度の協力から始まった。

リバルキンは「中ソ戦争を回避するため」という大義名分を掲げて情報を求め、報酬として現金を与えるうちに要求をエスカレートさせていく。

中ソ軍事衝突を未然に防止することが日本の国益に合致するという独善的な国防観を抱いていた宮永は、要求に応えるため、かつての部下で現職の二尉と准尉から、「私的研究のため」という理由で秘密文書を入手、ソ連に提供するようになった。そのほとんどは、防衛庁が集めた中国の軍事情報だった。

部下だった二人も、陸将補にまでなった信頼すべきかつての上司から、資料提供の報酬として現金を渡され、断りそびれて資料提供を続けていた。

およそ五年後、ソ連大使館にY・N・コズロフ大佐が着任すると、すでに秘密暗号通信の方法をマスターしていた宮永は、本格的なエージェントとして操られるようになった。資料の受け渡しには、決められた場所に埋められた缶などを使う「デッド・ドロップ」、緊急連絡には、決められた掲示板にテープなどを貼る「マーキング」といった手法が用いられていた。

　警視庁公安部外事一課は、ひんぱんにソ連大使館に出入りする宮永を不審と見てマークしていた結果、情報の受け渡し現場を確認、宮永の自宅を家宅捜索したところ乱数表や受信機、タイムテーブルなど〝スパイ道具〟が続々と見つかって、尉官二名とともに逮捕されたのだった。

　宮永はこの間に数百万円の報酬を受け取り、その一部を謝礼として資料提供者の尉官二人にそれぞれ現金で渡していた。

　外交特権のあるコズロフは、直接逮捕ができないため、外務省を通じて任意出頭を求めた。その日の夕刻、各国大使館付武官団の新年会パーティーが行われており、防衛庁幹部や制服幹部自衛官も招かれてそのパーティーに出席していた。

　現場に居合わせた出席者の目撃談によると、上機嫌でグラスを傾けていたコズロフは、スパイ事件発覚を伝えたとおぼしきメモを渡されると、そのまま何気なく姿を消し、「母の病気」を口実に、あわただしく帰国してしまった。

　そういえば、つい最近、二〇一五年（平成二十七年）にも、元陸上自衛隊東部方面総監が現役陸将を含む幹部自衛官を通じて陸上自衛隊の部内資料をロシア連邦軍参謀本部情報総局（GRU）所属の駐在武官に流出させていたことが発覚して問題になった。自衛隊の高級幹部ともあろうものが、そういうスキをロシア（ソ連）に見せるとは許しがたいことといわざるを得ない。

■被告も驚いた刑罰の軽さ

ところで、この宮永スパイ事件のとき、私は防衛庁教育担当参事官のポストにあった。警察で事件を管轄するのは、警視庁公安部外事一課と警察庁警備局外事課、どちらもかつて私が課長を務めていた部署である。私はひどく複雑な立場に立たされた。

というのも、大蔵省から来ていた防衛次官と防衛局長や防衛庁の内局は、なるべく穏便な処置になるよう望んでいる。はっきり言わないのは、当然ながら、元外事課長の私にそれとなく裏交渉をしてくれないかと期待している気配があった。

一方、〝実家〟の警視庁や警察庁は私を敬遠、距離を置きたがっているようだ。

後藤田正晴国家公安委員長から電話がかかってきたのはそんなときだった。

「佐々クン、宮永スパイ事件で君は何か動いているのか」というご下問に「防衛庁、警察、どちらのためにもよくないのでじっとしています」と答えたところ、

「それでいい。じっとしておれ。でしゃばるな」

と念を押された。

陸将補という高級幹部がソ連のスパイの手先を五年間もつとめていて、防衛庁内局も陸上自衛隊幕僚幹部も知らなかったとあって、マスコミは大騒ぎ、世論も沸騰した。国会も衆参両院の予算委員会から法務・外務・内閣など各常任委員会で、与野党あげて防衛庁糾弾が始まったのも無理はない。

私も防衛庁政府委員の一人としてはなはだバツが悪く、肩身の狭い思いで国会通いをしていた。「警察に戻りたいな」という思いにかられたのが正直なところであった。

陸上幕僚長、東部方面総監、陸幕二部長ら宮永元陸将補の上司たちは監督責任を問われて辞任、亘理彰防衛次官以下、関係局長はみんな懲戒処分という、猛烈な逆風の最中、久保田円次防衛庁長官は、責任追及のボルテージが上がる国会で、不用意な発言を追及され火に油を注いでしまった。

「調べましたところ、宮永陸将補がソ連に提供していた情報は、防衛庁が集めた中国の情報であることがわかりました。アメリカの情報ではなかったのでよかったです」

この一言で辞任要求騒動に火がついた。久保田長官はなかなか辞めると言わなかったので、予算委員会でさんざん紛糾した末、辞任した。就任わずか三か月であった。この三か月の間、群馬県選出で「さつまいも」の専門家である久保田長官に対して、国会答弁などのブリーフィング（事前指導）をいくらやっても、内容をきちんと把握してくれず、トンチンカンな答弁をするので、大平総理以下、我々もみな困り果てていたので正直ほっとしたものだった。

一九八〇年（昭和五十五年）四月、宮永は懲役一年、元部下の二名はそれぞれ懲役八か月という判決を受けた。

自衛隊法や国家公務員法では、隊員や職員は「職務上知ることのできた秘密を漏らしてはならない。その職を退いた後といえども同様とする」と守秘義務を定めている。ところが、違反した場合の罰則はというと「最高一年の懲役又は最高五〇万円の罰金」なのだ。

しかしこれはいくらなんでも軽すぎる。判決後、宮永自身が「こんなに軽くていいんですか？」と驚いて聞いたほどである。

当時、国家公務員が、他国に情報を提供したスパイ行為の規定がないからだが、自国民を危険にさらすような情報を売り渡しても、罰則は変わらない。

ところが、もし彼がアメリカの軍事機密を流し、警視庁外事課が捕まえたとしたら、日米安全保障条約に基づく刑事特別法が適用されるから、最高で懲役一〇年の判決が下されていた可能性がある。

つまり、日本の自衛隊が所有しているF15の情報を渡した場合は国家公務員法により、当時は最高でも懲役一年だが、米軍のF15の情報の場合、この刑事特別法が適用されて、懲役一〇年となりうる。これは明らかに法益の均衡を失している。

自国の秘密や国益の保護より、駐留軍を保護する刑罰のほうが重いというのでは、主権国家とはとても言えそうにない。だが、爾来、三十数年が経過し、安倍第二次政権で、こういう時の刑罰は特定秘密保護法で「特定秘密の取扱いの業務に従事する者」が特定秘密を漏らしたときは、「一〇年以下の懲役に処し、又は情状により一〇年以下の懲役及び一〇〇〇万円以下の罰金に処する。特定秘密の取扱いの業務に従事しなくなった後においても、同様とする」ようになった。少しでも改善されたのは、ようやく普通の国に近付いたことになり喜ばしい。

■それはワシントンへの秘密派遣から始まった

なぜ私が〝外事警察〟として歩み始めたか、そのきっかけについて触れてみたい。今まで明かしたことはなかったが、五〇年以上も前のことだからもういいだろう。

一九六〇年代、アメリカは開発途上国の国際警察官を養成しようとして、アメリカ警察長会議主催の国際警察官養成教育訓練セミナーを設けていた。スパイ事件も含めて国際犯罪に対処できる人員を養成しようとするもので、資金のなかった日本は独自のプログラムをアメリカに作ってもらえず、「開発途上国」扱いで、毎年二人ずつ研修生を派遣していた。

　第一章ではさらりと触れたが、私はその訓練生として、一九六〇年（昭和三十五年）一月から六か月間ワシントンに派遣された。ここから国際インテリジェンス・オフィサーとしての長いキャリアが始まったのである。

　ワシントンにあるジョージタウン大学の聴講生という肩書きで派遣され、訓練費はタダ。学生用のアパートに入ることができたので宿泊費もタダだった。

　手当がアメリカ側から支給されていて、それが一日六ドル、月に一八〇ドルだったと記憶する。食費、交通費、電話代など生活費はそこからまかなえということだ。

　一ドル三六〇円の時代だから、六万五〇〇〇円に相当する。手元の資料によると、そのころの国家公務員上級職の初任給は一万八〇〇〇円ほどだから、かなりの額になるはずなのだが、アメリカの物価は日本に比べて格段に高かったから、生活するにはぎりぎりであった。戦後、多くの俊英たちがアメリカ留学に際して恩恵を受けたフルブライト奨学金は、当時我々の支給額よりは多かったと思う。

　外食していると、とてもじゃないが一日六ドルでは足りない。グローサリー（コンビニのような総菜店）でソーセージやホットドッグも買ったが、やはり圧倒的に安く上がるのは自炊だった。持参した炊飯器でご飯を炊いて、今でも私の好物だが「スパム」という缶入りのポークソーセージと卵がおかず。安くて栄養になるからと、よく食べていたものである。

一緒に派遣された百瀬さんは、陸軍士官学校出の二十四年入庁組で五年先輩。陸士ではロシア語を習ったということだが英語は苦手だった。

当初、百瀬さんと交代で自炊していたのだが、彼は自炊したことがなかったらしく悪戦苦闘、鍋やフライパンを料理ごとに替えるなど必要以上に使うので後片付けが一仕事になる。しかも困ったことに、びっくりするほど不味かった。

何度かの料理当番の後、「私がつくりますから、皿洗いをお願いします」と任務分担を断行、百瀬先輩を皿洗いにした自炊生活が続いたのだった。

■尾行・張り込みからあらゆるスパイ技術まで学んだ

教育訓練セミナーは座学だけでなく、実務訓練が充実していた。ワシントンの市街で実際に張り込み、尾行などを行うのである。

尾行の訓練では教官が犯罪者やスパイの役になり、地下鉄に乗ったかと思うと発車寸前に飛び降りたり、映画のワンシーンのような行動を取る。追跡側の生徒が地下鉄に取り残されて、そのまま乗って行ってしまうとその日は落第だ。

張り込みなら、街角で被疑者の入った建物をどうやって目立たないように見張るかといったコツを学ぶ。ただでさえわれわれは日本人で目立つものだから、「おまえ、何やっているの？」と話しかけられることもしばしば。言葉がスムースに通じないから言い訳も一苦労である。タバコを吸ったり、新聞を読むふりをしたりして、相手が出てくるまで張り込んでいなくてはいけない。

「デッド・ドロップ」でスパイが情報を受け渡すときに使う技術も、状況に応じて小さな容器を土に埋めておいたり郵便受けを利用したり。麻薬のヘロイン、コカインなど現物を使って、見分ける訓練もしたし、柔道のような逮捕術もあった。

「今日はＦＢＩへ行け」「ＣＩＡへ行け」「ワシントン市警で講習がある」という具合で、毎日あちこちへ出かけていって勉強する。将来、捜査協力で海外出張となったときに活躍できる国際警察官の養成が目的だから、鑑識、暗号から法的な手続きといった講義も受けた。

色仕掛けによるスパイ活動「ハニー・トラップ」についても講義があったけれども、残念なことに「女性の誘惑に打ち勝つ訓練」といった実地研修はなかった。

後の章でも述べるが、ハニー・トラップは古典的かつきわめて有効な方法だ。

後年、私が外務省研修所で、駐在官として赴任する役人たちに講義したとき、

「向こうから近づいてくる女に引っかかってはダメだぞ。考えてもみなさい。今まで日本でモテなかった君たちが、外国に行ったからといって急にモテるわけがない」

と言って戒めたものだが、美しい女性が接近してくると、調子にのって鼻の下を伸ばして舞い上がるのが男のサガというものだ。女性に引っかかって、スパイへと転落した事例は古今東西、枚挙にいとまがない。

ともあれ、もっとも「そんなこと知ってらぁ」と思うこともよくあった。日本も途上国扱いだったので、シンガポール、マレーシア、タイ、インドネシアといった東南アジアの国々から派遣された警察官とクラスが一緒だったのだが、捜査手法や法の取り扱いといった警察のレベルは、やはり日本は際だっているなぁと思ったものである。

ところがクラスの訓練生仲間において、懐具合の寂しさでも日本が頭抜けていた。生活費が月一八〇ドルという低額で奮闘している訓練生は、私と百瀬さんのほかには一人もいない。国際警察官養成に派遣されてくるのは各国の警視クラスだが、日本を除けばそろって上流階級、富裕階級出身者であった。もしかすると外国出張手当が奮発されていたのかもしれないが、それぞれに国では相応の地位と経済力のある名士・有力者の子弟らしく、金銭的な苦労はしていなかったようだ。

一方、日本警察は仕事のレベルは断然上だと自負していたが、最も貧乏な、惨めな研修生活だった。その数年前「もはや戦後ではない」という経済白書に載ったという言葉が流行語になったが、金銭的にはずいぶん苦労した。

そしてもう一点、各国みんな制服を持参しているのだが、いちばんみすぼらしかったのが日本である。八面六臂（はちめんろっぴ）の活躍をしたとも思えないインドネシア警察官がバッジだけはうんと付けているのである。われわれは、階級章だけで勲章や経歴章がない。とても悲しかった思い出は今も薄れない。

■品は悪いが通じる英語をマスター

何しろお金がないから、床屋へ行くと原則「ヘアカット・オンリー」と注文する。一ドルですむからだが、相手から見れば最低料金の、まったくありがたくない客である。「おまえたち日本人の髪の毛は硬くてまっすぐで柔軟性がなくて、形がつかない！」などとブーブー文句を言われながらカットされていた。

たまに顔剃りを頼むと、不機嫌な床屋のおやじが不器用な手で、ヒゲを剃ってくれるのは恐かった。日本語で言うぶきっちょ、不器用は英語で「テン・サムズ」。なるほど「十指ぜんぶが親指」ということか、とそんな言葉を〝実地〟で学んだ。

警察の講習でも「ガッデム」「サノバビッチ」といった悪い言葉から覚えてしまう。

向こうの刑事が連れ歩いて教えてくれるのである。

「ガッデム」とは「畜生！」に近いニュアンスの罵りの言葉。「神様に嫌われて地獄に落とされるヤツ」といった原義らしい。「サノバビッチ」は「おまえは雌犬の子だ！」「売春婦の子！」。この種の言葉は、真っ当なアメリカ人なら人前で決して口にしない。だが警官同士、あるいは地元のチンピラとの会話には、品の悪い英語がとにかく通じるのである。

日常実務で、アメリカのパトカーにも乗せられたし、取調室にも入った。カフェテラス、ホットドッグ屋、バー、繁華街、歓楽街、実地訓練ではさまざまなところへ行って、生きている英語を現場で修得した。おかげですっかり変な英語になって帰国するのだが、六か月の研修で、とても有意義だったのがこれだった。

後日、私は外事警察畑を歩んで国際インテリジェンス・オフィサーになり、さらに外交、防衛、安全保障の分野が我が使命となったから、アメリカの警察、ＦＢＩ、ＣＩＡ、陸海空の軍人と付き合うようになった。

彼らは、汚い英語が使えると仲間として扱ってくれた。ＦＢＩやＣＩＡの人間は、たいてい軍歴があるから、こうした言葉が通じるとすごく喜んだものである。

防衛施設庁長官だったころ、駐日アメリカ軍基地に「スピーク・イージー」の予算をくれ」などと言われたことがある。麻薬など非合法な薬物が出てくるバーの、隠語が「スピーク・イージー」だ。「何でもしゃべれるところ」ということだろうが、なぜ基地の施設で出てくるんだろう。まったくわからない。

「麻薬や覚醒剤なんかが出てくる闇酒場が何で必要なんだ？」

「何言ってんだ？　防音施設のついた格納庫のことだよ」

そんな調子で会話していたから、国防次官補や国務副長官を務めたリチャード・アーミテージから、あるときこう言われた。

「おまえ、英語がよく通じるけど『どこの大学だ？』と聞かれたら、ハードノックス・ユニバーシティと言え」

ハードノックス、つまりは街のケンカで覚えた英語ということだ。

アイビー・リーグ卒のような上等な英語は、途中で敬語が入ったり失礼を詫びたり、説明が長い。要するに無駄なところがものすごく多い外務省の英語である。われわれの英語は、ズバリと一番肝心なことを「イエスか？　ノーか？」で訊く。街で覚えた英語はタフで激しい。

■猥雑な街で社会勉強もした

アメリカ研修の話をもう少し続けよう。

月一八〇ドルの手当から節約に節約を重ねて積み立てをして、週末を利用して、グレイハウンドという長距離バスで、一五州を見て回った。州を跨がって移動できるバスなのだが、やたら安いのだ。食事といえばホットドッグとコカ・コーラぐらいで、レストランなど入れなかったが、そんなことはまったく気にならなかった。広大なアメリカを「何でも見てやろう」という気持ちが強かったのだ。

そういえばベストセラー『何でも見てやろう』の小田実は、同じころ留学した帰途、世界を一周した話だった。あちらはフルブライト留学などで残った二〇〇ドル、こちらはアメリカの手当から少しずつ積み立てたケチケチ旅行。舞台のスケールは違うが、志では負けてはいない。安い長距離バスに乗り込んであちこちへ出かけた。

乗客はプエルトリコ人と黒人ばかりで、普通の日本人など恐がって乗らない。

百瀬さんは陸軍士官学校出だから度胸があるし、体も大きくて、まったく平気だったから、ふたりして安上がりに冒険旅行を楽しんだものである。

佐々メモ（手帖）と日記帳などをもとにスパイや政治家への思いを語る佐々氏

また、ワシントンには当時はバーなどの酒場はほとんどなかった。スタンドのビアホール程度で、女性がいるような店は皆無。ピューリタニズムが息づくアメリカの首都として、政府機能が集中する街だけに条例で規制していたようだ。

だから息抜きしたい住人たちは、クルマで一時間ほどのボルチモアという港町へ行く。するとイースト・ボルチモア・ストリートという一帯があって、そこは言うなれば歌舞伎町。もう何でもありと言われていた。ワシントンは驚くほど清潔・潔癖な街だが、ちゃんと抜け穴がつくってあるわけだ。

ボルチモアはアメリカで最も古い街のひとつと言われる港町だから、船員の遊ぶところがたくさんある。節約したお金で、これも社会勉強と入ってみると、思わぬ場面に出くわすのである。

たとえば、ストリップ小屋で「今日の賓客は」とアナウンスが流れて、客席をスポットライトが動き回り、ピタッと止まったところで「○○上院議員で～す」などとやっている。ライトに浮かび上がった上院議員は両腕で顔を隠し、客席はやんやの喝采だ。

首都・ワシントンにはそんな下品なところはありませんと、とすましているのだけれど、何のことはない。近くにはちゃんと紳士が気晴らしできる街、それも相当猥雑（わいざつ）な場所があった。

■キャッシュ・オン・デリバリーの思い出

当然のことながら、女性のいない店のほうが安上がりだし、ハニー・トラップに注意するよう講習も受けていたから、もっぱら酒を飲むだけのバーを贔屓（ひいき）にしていた。

まだ一ドル銀貨が流通していたころで、バーボンのワン・ショットが一ドルだった。スコッチ・ウイスキーもあったが、三ドルほどして高かったためだろう、地元のアメリカ人もバーボンを飲んでいた。みんなチェイサーは水ではなくてビールを飲んでいたので、五ドルもあれば酔っ払ってしまう。

こうしたバーでは、現金と引き換えに酒を出すキャッシュ・オン・デリバリーだ。一ドル銀貨を置かないと、グラスに酒を注いでくれない。

この一ドル銀貨に刻まれた「イン・ゴッド・ウィー・トラスト（われわれは神を信じる）」という言葉に引っかけて、酒場ではよく「イン・ダラー・ウィー・トラスト（われわれはドルを信じる）」と言われていた。

裏を返せば「アイ・ドント・トラスト・ユー（お前さんは信じないよ）」である。

西部劇で考えてみるとよくわかる。酒場に入ってくるのは、腕っ節（ぷし）を頼りに荒野を彷徨（さまよ）っている連中なのだ。店を出るとき精算というやり方では飲み逃げされるのは必定、ましてツケだの掛け売りだの想像もできなかったのだろう。

そんな背景のためか、アメリカではごく一般的な支払い方法だった。

余談だがこのアメリカ派遣の一五年後の一九七五年（昭和五十年）六月、警察庁警備局警備課長についていた私は、皇太子（今上天皇）・皇太子妃（現皇后）両殿下による沖縄訪問の警備責任者として沖縄にいた（このとき「ひめゆりの塔事件」が起こるのだが、本稿のテーマではないので、そちらの顚末は『わが上司　後藤田正晴』『菊のご紋章と火炎ビン』〈ともに文春文庫〉などをご覧いただきたい）。

アメリカから日本に返還されて三年を経ていたが、沖縄はキャッシュ・オン・デリバリーが根付いていた。われわれ警備幕僚団が沖縄入りした翌日の朝食のときのこと、沖縄県警の会計係がやってきて「五〇〇円払ってください」と請求されるのには閉口した。団体なのだから、ツケにしておいて一括精算が当たり前。警備の応援のために派遣されてくるのだし、そもそも警察官が踏み倒すことはありえない。信用度は高いだろう。そういった思い込みは見事に覆（くつがえ）された。

信用されていないようで腹立たしくも思ったが、そういう習慣なのだと納得するしかなかった。本土から派遣されてくる機動隊員二四〇〇人には、忘れず五〇〇円札を持ってくるようにという指令を出したものだった。

話が横道にそれてしまったが、キャッシュ・オン・デリバリーの思い出というと、最初のアメリカ派遣のときと、この沖縄派遣のとき。二つの体験は忘れられない。

■社会党や共産党が国会で追及

ジョージタウン大学に籍だけ置いていたのは、アメリカが途上国の警察官を集めて国際警察官を育成していることが、そもそも秘密だったからだ。共産圏諸国に知られてはならないことだったのは当たり前として、西側先進諸国に対しても隠していたのだ。

この研修に日本からは毎年二人を派遣していたのだが、警察内部でもそんなコースがあることを口外してはいけないと厳命されていた。公表されている私の経歴でも、一九五九年（昭和三十四年）十一月、関東管区警察局警務課調査官とだけ記されている。何だかよくわからない肩書きなのは、この間、アメリカで研修していたのである。

どこにも籍のないような所属不明の肩書きで秘密任務についていたわけだが、共産党や社会党はどこからか情報を得て、「アメリカの予算で、ＣＩＡのスパイを養成しているのではないか」と、たびたび追及してきた。

もちろん、派遣していること自体、断固否定することが決められていた。スパイ養成を目論んだというのは荒唐無稽にしても、アメリカがわれわれを教育訓練して使おうとしていたことは間違いない。

ただ、アメリカも自分たちの意のままに動く警察官僚を養成しようとするほど愚かではない。西側諸国の共通の価値観を守るという前提だけがあったように思う。

アメリカの負担で日本の外事警察官を養成するなど、外務省にとっては屈辱の極みだったはずだ。日本のGNPが世界二位になった頃には、アメリカも「自分でやれ」となったのだろう、この派遣は終了した。その後、各省庁が自前でハーバード、イェール、プリンストンといったアイビー・リーグの一流大学に留学させるようになっている。

だからもう二度と「ハードノックス・ユニバーシティで英語を学んだ」という人間は出て来ないはずである。

それにしても、こうしたアメリカの自由世界に於けるスパイ・キャッチャー養成の戦略は、ある意味で矛盾もしている。というのも、戦後の日本占領統治下で、憲法九条や警察民主化の押しつけなどで、あまりにもリベラルな防衛・治安政策を強要し推進したために、日本の防衛力や警察力は一時的に著しく低下してしまった。そのために、日本の公安・外事警察は崩壊に近い状態になった。そこまで極端なことをしておきながら、朝鮮戦争以降、今度は、そういう風にせっせと、防衛力や警察力などを回復させようと躍起にもなる。このあたりのことについては、次章で詳しく触れることにしたい。

第三章

日本の外事警察を創る

■やりすぎだったＧＨＱの警察改革

「外事警察」を創り直すにあたっては苦難の道があった。

というのも、戦前は、内務省警保局の保安課が外事警察活動を統括していた。国内の外国人、とりわけ共産主義者への監視は無論のこと、国内の左翼運動家や、朝鮮や台湾の独立運動家などの監視取り締まりなども行われた。ゾルゲ事件を摘発したのは、警視庁特高第一課であるが、外国人も関与していたということで警視庁外事課も捜査に加わっている。そうした取締りにはもちろん行き過ぎもあった。私の父もその「被害者」の一人だったのは第一章で詳述したとおりだ。しかし、それはそれとしても、国家の独立や国民の生活の安寧のためには「外事警察」は必要なのだ。北朝鮮の拉致事件ひとつとってみても、それは自明であろう。だが、太平洋戦争（大東亜戦争）に敗北し、ＧＨＱの民主化により内務省は解体されてしまった。軍は無論のこと、警察そのものの権威が失墜し、治安や社会秩序は混乱の極みになった。

話は前後するし、また話せば長くなるが、そもそも私が警察官を志したのはこうした戦後の動乱期に警察の力が一気に衰退した分、日本国内が混乱したのを目の当たりにしたからだった。私が旧制最後の東京大学法学部に入学したのは一九五〇年（昭和二十五年）。その前後の日本では、武装マフィアが街を横行し、闇市などの多くはヤクザや外国人勢力が仕切っていた。日本共産党などの左翼勢力が好き勝手に武装闘争を行ない、朝鮮半島では入学した年の六月に朝鮮戦争も勃発していた。東大学内も、全学連によってほぼ牛耳（ぎゅうじ）られており、親ソ容共のスローガンが叫ばれ、国際共産主義勢力の伸長は著しいものがあった。

そうした大混乱に直面し、私は経済再建をするにしても、基本的な人間社会の条件は、良好な治安の維持で、それなくして国民の社会福祉はありえないと思うようになっていった。「治安回復（ピース・メーカー）」こそ、自分の人生をかけてやるべき仕事だと思った。学生時代に愛読したウィリアム・ジェイムズというハーバード大学教授の哲学者の『宗教的経験の諸相』（岩波文庫）という本に、「何か大きなことが起こったとき、大変なことが起こったとき、人は皆、誰かがこのことについて何かをしなければならないと思う。しかしながら、そのことを実行する人はきわめて少ない。『なぜ私が』と自問自答する。『なぜわれわれが』、これが普通の人の自問自答の形式である。ところが、本当にひと握りの人たちの『私がやらずに誰がやる』という自問自答により、人は他人に奉仕することに喜びをおぼえる。本当に素晴らしいものである。この二つの自問自答の間に全人類の道徳の進化の過程が横たわっている」という主旨のことが書かれていた。これを一読して感動した。

「治安崩壊」の当時の日本にあって、「治安回復」をしていく仕事に、自分は就かなくては……。「私がやらずに誰がやる」と思い、警察官を目指すことになったのである。

ところが、GHQは、赤門（東大）出身が警察幹部になると、また内務省を復活させ、「帝国主義」「秘密警察」が復活することになりかねないと考え、一九四八年（昭和二十三年）以来、「警察幹部に高文組（高等文官試験の合格者）は無用。すべてパトロールから叩き上げた警官であるべきだ」ということで、警察が国家公務員上級試験を行なって、幹部候補生としてキャリア採用することを禁止したのである。もちろん治安警察法、治安維持法、国防保安法や特高などは敗戦直後の一九四五年（昭和二十年）にGHQの命令によって廃止されている。行き過ぎたそうした諸法制を見直すのは当然のことであるが、やはり民主国家としての一定の秩序維持のための諸法制や警察の力の維持は必要である。アメリカにだってFBI（連邦警察）があった。当時のGHQにはびこっていたニューディーラーのような理想主義的すぎる勢力が、それを許さなかった。

このように、日本の警察制度は、GHQによって、中央集権を打破せんがために極端な形で民主化、地方分権化され、アメリカ式に市や町が警察権を持つことになった。そのために、公共の秩序維持や広域の犯罪捜査の面で著しく非能率となっていくのだ。日本の警察組織はズタズタにされ、弱体化してしまった。せいぜいで、通常の犯罪やヤミ行為の取締りなどをするので手一杯だった。

そのために「ドロ警」（泥棒取締り）とパトロール重視の「市民警察」派が警察の主流部署になってしまった。民主的な警察の本質は泥棒などの刑事犯罪捜査がメインであり、政治犯罪や思想犯罪などは民主主義国家では捜査しなくていいのだというような発想がはびこっていく。選挙違反は警察がやるけれど、汚職や経済犯罪など、ちょっと政治色がつくようなものは、警察ではなく検察が直接捜査をするようになった。河井信太郎さんや伊藤栄樹さんなどが検事として活躍したころは全盛時代だった。そのあたりの検事のスーパーマンぶりは、木村拓哉さん主演の『ＨＥＲＯ』というフジテレビ番組が面白く丁寧に描いていた。

だが、幸いなことに、サンフランシスコ講和会議を経て一九五二年（昭和二十七年）に独立してから、そうした占領軍の行き過ぎた警察民主化是正のため、警察制度の一連の改革が行なわれ、「国家公安委員会」「警察庁」「都道府県公安委員会」「都道府県警察」という現行の警察制度が確立されていった。公安警察、公安部外事課という形で、「外事警察」も復活していくことになる。

戦前の中央集権と、戦後占領期の地方分権との妥協の産物として、新たに誕生した警察庁と、それを支える人事制度のためにキャリア採用としての「警察三級職試験制度」

が始まり、私は、二年目（二回目）となったその試験を受け、一九五四年（昭和二十九年）に国家地方警察本部（現・警察庁）に入庁したのであった。

入庁面接試験で、私は志望の動機を「共産党の暴力革命と闘うために」と述べた。それを快く思わない警察幹部は多々いたのだが、頼もしいと思ってくれる幹部もいた。幸いにも、学科試験が二番目の成績だったということもあり合格したのだ。

入庁した年の七月には、現行警察法が、防衛庁設置法および自衛隊法とともに施行され、国家地方警察本部と警視庁以下の市町村自治体警察が統合されて、政治的に中立な独立機関である国家公安委員会の下、都道府県単位の自治体警察が発足することにもなった。また、ラストボロフ事件も発覚し、冷戦もさらに激化し、ソ連など国際共産主義勢力のスパイ活動にも、国民の関心が寄せられるようになり、民主的警察としてのスパイ対策の必要性もようやく国民の一部から理解されるようになってきた。

こうして、警視庁の目黒警察署警部補を振り出しに、私の三十五年三か月に及ぶクライシス・マネージャー、スパイ・キャッチャーなどとしての危機管理人生が始まっていく。

だが、当時はまだ、「市民警察」派の刑事警察をやった人が優勢で、彼らが出世して長官、総監になるという時期だった。警察庁長官になった三井脩(おさむ)氏や浅沼清太郎氏などはその典型。私などは、彼らの覚えが悪く冷や飯を食わされたこともあった。

■「外事部門を建て直す先兵」としての意気込み

しかし、戦後の占領下に特高警察を廃止したあとでも、公安課などが設置されてはいた。外事課の仕事もそういう部門で細々と継続されていくことになる。私の先輩で、警察官人生で大変お世話にもなった柏村信雄、三輪良雄、村井順、土田國保(くにやす)、川島広守、丸山昴(こう)といった内務省出身で気骨のある「国家警察」「危機管理重視」派の人たちが辛うじて、そういう部門を守ったといえる。しかし、主流派の「ドロ警」からは、国家警察や思想警察や特高復活など断じて許すまじということでかなり睨(にら)まれていた。私もその系列だということで反発を受けていた。だが、そうした「国家警察」「危機管理重視」派もそれなりの勢力はなんとか維持していたから、そんな立場の先輩から、一定の評価を受けて、同期入庁組は十八人いたが、前章で述べたような海外スパイ特訓組に「選抜」されたのだ。その選抜にあたっては、思想傾向や能力や適性もそれなりに評価されたのだろうが、当時の私の英語力も判断の基準になったようだ。というのも、母校・成蹊学園では英語教育に力を入れていたし、警察に入ってからも英語の試験などでも高得点を取り、上司が外国人を接遇する時、通訳係を務めさせられたことがあったからだ。だから、アメリカに派遣する上で適材適所とみなされたこともあったかもしれない。一緒に派遣された百瀬さんは、英語はそんなに得意ではなかったが、陸士出身でロシア語が堪能だった。

アメリカに旅立つときも、土田さんたちが送別会をやってくれ、戦後のこれからの警察、外事部門を建て直す先兵（せんぺい）となってくれと励まされたものだった。アメリカ滞在中も、土田さんには私信ではあったが、せっせと経過報告というか、現地報告の手紙を出したのも懐かしい思い出である。

とはいえ、そういう時代状況で、いわゆる上級試験に通ったところで、特高だの外事だのの警察への暗いイメージはまだ残っており、私の場合も、新人研修直後の勤務先は、目黒署で、パトロールから仕事は始まった。敗戦後、そうした「キャリア」がいなくて、「ノンキャリ」の天国だったところに、私のような「少尉」程度の若造警部補が落下傘降下したのだから、いろいろと大変だった。刑事部屋に入っても、私より階級の低い年輩の刑事たちはジロリと鋭い一瞥をして知らん顔をしている。大学出の私などはそういう環境下で警察官人生を始めていったのである。その経緯は、拙著『目黒警察署物語』（文春文庫）を参照していただきたいが、「市民警察」派の浅沼清太郎人事課長は、こともあろうに、目黒署の次なる職場として、私を防犯部風紀係猥褻班に配属したのである。「政治将校」「思想警察」志望の男など不要、この仕事が嫌なら警官を辞めたらどうだ

——という嫌がらせ人事だったのだと思う。

なにくそと、いつか評価してくれる人もいるだろうということで、隠忍自重（いんにんじちょう）、朝から晩まで押収したエロフィルムをチェックしたりしていた。なにしろ、ストリップ小屋に潜入し、エロショーが最高潮というときに立ち上がって「そのまま動くな！　警視庁の風紀係猥褻班だ！」なんて叫ぶこともやっていた。スパイ相手に、「そのまま動くな！　FBIだ」なんてやるのは夢のまた夢だった。

だが、前述したように、温かい目で私を見てくれていた上司のおかげで、前章で記したような修行（アメリカでの半年に及ぶFBIなどでのスパイ特訓）を経て、一九六〇年（昭和三十五年）七月帰国し、警視庁公安部外事課長代理、ソ連・欧州担当の主任警部となった。念願の外事課に配属されたのだ。このときから、国際インテリジェンス・オフィサー、スパイ・キャッチャーとしてのキャリアがスタートしたのである。山本鎮彦氏などによるアメリカ亡命先での証言調査に基づく後追い捜査ではあったが、まだ若造だったのに、ラストボロフ班の班長にもなれた。民主的な日本の社会秩序を守るための外事警察の、健全な形での復興を担う先兵としての一歩を新たに踏み出したのである。

以下、私が現役時代の北朝鮮、ソ連スパイとの闘争の一端を披露していきたい。

■精鋭たちの悲哀

前述の通り、外事課のもっとも重要な仕事はスパイ取り締まりである。私が着任したころは、ソ連スパイ・ハンティングの真っ盛りという時代だった。

私の指揮下には、一〇四人の〃スパイ・キャッチャー〃たちがいた。そのほとんどが英語、ロシア語の読み書き、会話可能な、当時としてはズバ抜けて優秀な国際派の警察官たちである。警部補登竜門である管区警察学校の一位と三位を、外事課第一係の二人の巡査部長が占めたこともあり、昇任試験合格率の高いのが悩みの種という贅沢な係だった。

ところが大きな問題があった。先にも述べたように、わが国にはスパイ活動を直接取り締まる法規がないものだから、摘発できるのは、現行の刑罰法令に触れて活動が行われた場合だけなのだ。

スパイ・キャッチャーは精鋭ぞろいなのに、スパイから日本を守る〃武器〃がない。外国為替（かわせ）管理令とか出入国管理令というペコペコの「ブリキの盾」だけ持たされて戦っていた。

機密書類を盗んでも、その内容を盗んだことは罪とならずに公文書用紙五枚・金一〇円也の「窃盗罪」といった微罪しか問えない。スパイ・キャッチャーたちにとっては、切歯扼腕(せっしやくわん)、悪戦苦闘の連続だった。

外交関係がないために密入国して潜入してくる北朝鮮スパイなら、まだ出入国管理令違反（懲役一年以下）で逮捕することもできる。だが、ソ連のＫＧＢ、ＧＲＵの〝イワン〟たちは、外交官に身分偽装して大使館を拠点にしている。〝外交官特権〟という分厚い鎧(よろい)と、〝不逮捕特権〟という兜(かぶと)に守られている。

後年の「宮永スパイ事件」で、ソ連大使館付武官のコズロフ大佐が、任意出頭要求を尻目にさっさと帰国してしまったようなことが起こる。そうなると警察は指をくわえて傍観していなければならないのである。

しかも相手は新型の外車に乗り、諜報活動資金も潤沢、スリーパー方式による日本人エージェントを大勢抱えて動きも活発、切れ味のいい「剣」を振り回している。

わが方はと言えば、一九四〇年製（戦前の昭和十五年製である！）米軍払い下げのフォード、シボレーといったボロボロの捜査用車、乏しい捜査費。盗聴も禁止。いわば「ナイフ」で「剣」とわたりあい、取締法規は「ブリキの盾」ときている。

捜査用車には冷房はもとより、暖房もついていないから、灼熱の夏の太陽の下、あるいは霜凍る真冬の深夜の張り込みは辛いものだった。

「せめて車に暖房つけてくれませんかねえ」

部下たちがぼやく。ソ連のスパイたちが赤坂や銀座の高級クラブで遊んでいる間、張り込み班は屋台の焼きイモ屋で焼きイモを買って、それを懐炉がわりにして暖をとっているような歴然たる〝格差〟があった。

スパイ映画『007シリーズ』のジェームズ・ボンドは、相手が一流クラブやカジノに入れば、タキシードを着て、タップリ捜査費を懐に堂々と乗り込んでいって、シャンパン・グラスを片手に、美女とたわむれながら女王陛下のための公務を執行している。

ところが、わが精鋭たち、スパイ・キャッチャーは中に入るための捜査費などあろうはずもない。焼きイモ暖房で、暖房のない車の中で震えていた。

■外事課は格好いい?

「いい考えが浮かんだ。中に入って遊興するのは予算上無理だ。ホステスたちに協力者になってもらって、〝対象〟のクラブ内部での言動や接触相手を通報してもらったら?」

ある日、私はそう提案した。

さっそく部下のスパイ・キャッチャーが、外交官に化けたソ連スパイたちのお気に入りのホステスを調べて、ホステスを口説きに行った。情報謝礼をポケットに入れて行ったことは言うまでもないが、戻ってくるやこんな報告が。

「月一〇〇〇円お礼するから協力してくれって頼んだら、『刑事さん、アタシの月収いくらだと思ってんの？　二〇万円よ』ときた。あんな若い女で二〇万円だってさ。泣けてくるよ」

そのころ警視庁警視の私の俸給が月額三万五〇〇〇円ぐらいである。名案のはずが、ホステスがわれわれの手の届かない高嶺（たかね）の花だと再確認した結果に終わった。

外事課員は、しばしば高級ホテルに出入りする〝対象〟を追って、一流ホテルに入らなければいけない。野暮なくたびれた背広とシワくちゃのワイシャツ、泥まみれの古靴ではいかにも刑事然として目立ってしまって仕事にならない。一応の服装は整えなければいけないが、これは個人負担である。

他の部課の私服たちは、無理して背広を新調するそんな外事課員の苦労も知らずに、「いい格好して、キザな英語しゃべって、捜査費使い放題なんだろう」などとひがむからいっそう辛い。

そんな折り、多年にわたって予算要求してきた捜査用の新車が、外事課第一係に配分された。それも一挙に五台、昭和三十五年型トヨペット・クラウンである。今となっては古めかしい観音開（かんのんびらき）だが、排気量一九〇〇cc。これならスピードも出るし、スパイ容疑者たちの外車にも負けない。当時としては最高性能のクルマだったから、スパイ・キャッチャーたちを奮い立たせた。ところが念のため色を聞くと「黒」だという。

いかにも頭の固い警視庁らしい発想である。なんで外事課捜査用車が「黒」でなきゃいけない？「黒」といえばそれだけで官用車とわかってしまう。車で尾行しても、張り込みに使っても、すぐにバレてしまう。

ただちに装備課に頼んで色を塗り替えた。

「目立ちすぎるし、上が文句いいますよ」と、部下たちは心配顔だ。

「かまわん、やっちゃえ。〝イワン〟ども、まさか外事課が真っ赤な車でつけてくるとは思うまい。街へ出てみろよ、車はいまはカラフルで、目立ちゃしないよ。これからは助手席に婦人警官を私服で乗せて、アベックを装うんだ」

赤・緑・ブルー・白・グレー。それぞれ違う色で仕上がった新車が五台、旧警視庁庁舎中庭の車庫に並んだときは壮観だった。真っ黒々の公用車の群れに交じると、目立つこと、目立つこと。運転要員がたくさん集まってきて、「外事課、いったい何考えてんだ。どうかしてんじゃないか」とさんざんな不評だった。それでなくても、キザだの格好つけていると陰口を言われてきた外事課だ。

ところが、いざ実戦となると効果抜群。まさかスパイ・キャッチャーたちが真っ赤な車に女を乗せて尾行してくるとは思わない。〝イワン〟たちは安心して行動し、わが方は大きな捜査効果をあげたものである。

■屈辱にも耐えながら

武官や一等書記官の肩書きを持つＫＧＢたちは、深夜、黒装束で「デッド・ドロップ」を設定に出かけることがあった。そんなときにはスパイ・キャッチャーたちも、一張羅のスーツではなく、黒いシャツに黒っぽいズボン、足音を殺す地下足袋か黒く塗った運動靴。顔には靴墨に蚊よけの防虫剤塗布、という忍者スタイルで出動である。

真夏のある晩、ＫＧＢの疑いが濃い一等書記官と三等書記官が、車で目黒方向に向かった。現金か無線機を埋めに行ったと推察された。

私も初めてこの夜間捜査に参加した。二個班集中投入で追尾すると、目黒区柿の木坂付近の雑木林だった。当時の柿の木坂は都内とはいっても麦畑に雑木林、そして原っぱの多い緑濃い田舎だった。

暗い夜空にひときわ目立つ一本松の下を、二人の〝イワン〟が一生懸命スコップで穴を掘っている。面白いことに一等書記官の方が汗まみれになって穴を掘り、三等書記官が立ってみていて、ときどきハンカチを貸してやったりしている。

ＫＧＢは身分の下の者に化けるのを好む傾向がある。明らかに三等書記官の方が上役なのだ。捜査員たちは台地の斜面にへばりついて、息を殺して作業を見守った。

ブーンと藪蚊が羽音をたてて顔を襲う。しまった、鼻に除虫スプレーをかけてない。蚊は鼻をねらって群がってくるが、音を立てられないから叩くわけにいかない。

やがて埋め終えた一人が、台地の端に歩み寄る。張り込み員に気づいたのか？　あの真下には部下がひとり伏せているはずだ。

と、やにわに〝イワン〟は立ち小便を始めた。わかっていてワザとやったのだ。頭の上から小便かけられても、わがスパイ・キャッチャーは微動だにせず暗闇にひそんでいた。一見、格好のよかった外事課は、こんな屈辱にも耐えながらスパイとの戦いを続けていたのである。

■大使館員は何を警戒したのか

ある日の黄昏（たそがれ）どき、あたりに目を配りながらソ連大使館から館員らしい外国人が出てきて、張り込み中のスパイ・キャッチャーの目にとまった。

ときどきふり返ったり、わざわざ尾行点検のため無駄足をふみながら、次第に芝公園の方向に歩いていく。小包の大きさからみて諜報無線機かもしれない。

知らせを受けて、われわれは猛烈に張り切った。どこかに置くか、埋めるかという「デッド・ドロップ」か、あるいは秘密裡に接触して手渡しする「ライヴ・ドロップ」

になるのか、いずれにせよ日本人エージェントとの接点があるにちがいない。

やがてそのソ連大使館員と思われる外国人は、うす暗くなりつつある芝公園の灌木のしげみにその包みをそっと隠し、あたりをうかがいながら立ち去った。

となれば、あとは気長に張り込んで、その包みを取りに来るスパイを捕えるのみだ。

私も猛烈に張り切って、三交代二十四時間監視態勢をとって、芝公園の「デッド・ドロップ」に怪しい人物が現れるのを、ワクワクしながら待った。

一瞬たりとも目を離すわけにはいかない。だが、夜が明けても、誰も現れない。何も起こらないまま夕方になった。一同、疲労の色は濃く、開けて中身を調べたい誘惑にかられたけれども、復元できなくて気づかれるとまずい。

「あと二十四時間待とう。大物がかかるかもしれないから」

そう腹を決めて、目をこらしながらひたすら待って、翌日の夕暮れ時になった。

現場には誰も現れず、ソ連大使館にも動きはない。

「もう二十四時間、辛抱しようよ」

「でも現場はもうヘトヘトで、もちませんよ」

「もう一日、三交代でやってみようや」

もともと私はせっかちな方で、待つことは大嫌いだが、ここは我慢のしどころと、もう二十四時間、張り込みをかけることに決めた。

そしてまた夕暮れになった。

「どうします？　開けてみますか」と部下が促（うなが）す。私も、もう辛抱し切れなくなった。

「くれぐれも注意して、完全に復元しろよ」

待つことしばし、報告があった。

中身はなんとウォッカの空き瓶数本だった。ソ連大使館の館員たちは、勤務中館内での飲酒を禁止されている。だから、こっそり飲んだ空き瓶の処理に困って、そうっと大使館を抜け出して芝公園に捨てに行ったのだろうと推察された。あの大使館員が警戒していたのは、われわれ外事課ではなくて、自分たちを監督しているＫＧＢだったのである。

二晩もほとんど徹夜したというのに、なんという結末。私は口もきけないくらいガッカリしたものだ。

もっとも、今にして思えば、ゴミの不法投棄ということで逮捕することも可能だったかもしれない。その罪のほうが「スパイ罪」より重いということはありえないだろうが……。

■北朝鮮スパイの任務とは？

私は、一九六二年（昭和三十七年）四月、警視庁公安部外事課の課長代理（ソ連・欧州担当）から大阪府警本部警備部の外事課長に昇任配置になった。

昭和三十七年といえば、北朝鮮スパイの動きが活発となり、日本海側の海岸からの潜入・脱出がピークに達していた年だった。

これは同年、日韓国交正常化のための予備折衝が始まっていたことに関係がある。三六年間に及ぶ日本の占領時代の補償として、六億ドルの無償経済援助を請求していた韓国側に対し、日本側は、借款をふくめて三億ドルでおさめたいとの具体案を示し、いわゆる「請求権」問題をめぐって双方火花を散らしていた。

朝鮮半島では、三十八度線をはさんで南北あわせて一〇〇万を超える大軍が一触即発の緊張状態で対峙していたのだから、北朝鮮は重大な関心を抱いて次々とスパイを送りこんできたのも当然だった。

実際、北朝鮮スパイを逮捕して取り調べると、彼らの任務は「在日米軍や自衛隊の情報、日米外交問題、日本の政局の動向、日韓関係等に関する非公然情報収集」と供述するのが常だった。

一九六〇年代、日本と北朝鮮の間を往き来して、工作員が密出入国し、諜報活動資金、器材を密輸していた事件などがしばしば発覚、逮捕されていたし、潜入に失敗して溺死したスパイもいた。そんな活動がますます活発化したのである。

私たちが首をひねっていたのは、「彼らはあんなに苦労して日本に潜入してきて、何をスパイしてるんだろう?」という疑問だった。

日本は、国家機密などあってなきがごとき国である。防衛白書を一冊買えば、防衛年次計画から兵器体系、予算、部隊配置などなんでもわかる。政局の動向にしたって、日米や日韓外交関係だって、マスコミの取材やテレビの国会中継で洗いざらい公然情報として新聞・雑誌・テレビに報道されている。政府刊行物センターにいけば、日本の各省庁の行政に関する情報がいつでも手に入る。

それなのに、彼らは非合法ルートで日本に密入国し、地下活動に憂き身をやつす。しかも情報を得たいのならば世界の政治・外交・経済・情報が集まる東京——各国大公使館や報道機関、中央官庁がひしめく首都・東京にもぐりこめばいいのに、どういうわけか北朝鮮のスパイは経済都市・大阪のスラム街にひそんで、時代遅れの〝クローク・アンド・ダガー(黒マントと短剣・古典的スパイ活動)〟の非合法・秘密工作をやっていたのだから、さっぱりわけがわからない。

ひとつ考えられることは、彼らの狙いが対日諜報活動だけでなく、在日南北朝鮮人を獲得し、お隣の韓国に革命・諜報・破壊工作員として送りこむ「対韓非公然活動」もまた、重要な任務なのだろう、ということだった。

〝佐々メモ〟に残る数字では、大阪に在住している北朝鮮系外国人は九万一四一二人、韓国系が五万六六四五人、南北あわせて一四万八〇五七人。実に外国人の九〇パーセント以上を占めていた。絶好の〝草刈り場〟であり、〝隠れ家〟だったのだ。

彼らの任務が何であれ、北朝鮮から次々とスパイが日本に送りこまれ、その多くが大阪に巣喰って諜報活動に従事していたことは事実だったから、大阪府警外事課の最大の取り締まり対象は、彼ら北朝鮮諜報員だった。

■日本の空を飛び交う「怪電波」

彼らは平壌放送による数字放送や、諜報司令部からの暗号無線による指令を受けて、深夜豆ランプをともしてその指令を乱数表と照合して解読する。

さらにその指令に従って情報収集し、エージェントの獲得工作を行い、その成果を暗号数字に組んで、諜報無線工作員が本国に送信する……という、まことに骨の折れる地下活動を続けていた。

一九六二年（昭和三十七年）の大阪府警本部は、さしたる大事件もなく、平穏な日々だった。だが、外事課ではスパイ・キャッチャーたちの水面下での捜査活動がずっと続けられており、私も夜と昼が逆転する隠密捜査の指揮をとっていたのである。

当時、諜報無線と思われる暗号数字交信の「怪電波」は、約八〇〇系統もあった。そのうち平壌を「親局」の発信源とする「北朝鮮系」と判断されるものは、約七〇〇系統。それだけの「怪電波」が日本の空を飛び交っていた。

「怪電波」の周波数は、四・二メガサイクルから八・三メガサイクル帯で、送信出力は七ワットから一〇ワットという特徴があった。

日本に潜入した北朝鮮スパイの無線機は、送受信機が別々になった手づくりの乾電池式で、部品は、日本、ソ連、北朝鮮、韓国製の寄せ集めで、メーカー名も製造番号もいっさい入っていない代物だった。

日本に潜入したスパイと北朝鮮基地局との無線通信を、外事警察は、全国各地の固定捜査局による日夜をわかたぬ地道な作業によって捕捉、暗号解読に努め、方向探知機によって交点を探し求める捜査を続けていた。

この諜報無線は、ほとんどの場合、深夜に交信が行われ、とくに土曜の深夜から日曜の明け方にかけて出現する。平壌放送による暗号数字のアナウンスと並行して、「トトン・ツー・ツー」と平壌の親局が呼び出しを行うと、「ピー・ピピッー・ピー」と親局より明らかに出力の弱い在日スパイ局が応答する。私たちは、この親局を「A局」、子局を「B局」と呼称していた。

「B局」の出現を捕捉すると、警察庁は多方向の固定捜査局に方向探知を行わせ、違法無線の発信源をつきとめようとする。二本以上の方向線が交点を結んだところに、電波を発信したスパイが潜んでいるわけで、その地点を管轄している都道府県警察本部の外事課に地上捜査を下命するのである。

出現時間帯も、交信の周波数も、継続時間の長さもわからない微弱な電波を、二十四時間態勢で捕捉につとめるのだから、とてつもない辛抱強さと根気の要求される仕事なのだ。

■いざ諜報無線捜査の現場へ

一九六三年(昭和三十八年)、大阪府警察の管轄区域内で三つの交点が生じ、私の指揮下にあった外事課に、三系統の〝深夜の諜報無線〟について地上捜査が下命された。

以後この三系統を仮に「三〇八系」「四一一系」「五一五系」と呼ぶことにしよう。

「三〇八系」が最初に捕捉されたのは、その二年半も前の一九六〇年(昭和三十五年)十月。当初の交点は「大阪市都島区内」だった。その後この交点は「西成区」に移動し、ことに土曜の深夜から日曜の明け方に出現する傾向があることが明らかになった通信系だ。

「四一一系」の交点を地図上に落とすと、「北区樋ノ口町付近」。

「五一五系」あたりと思われるが、まだ確実ではなかった。

私の着任直後の四月十四日、本庁や近畿管区局の係官も参加して捜査会議が開かれて、当面「三〇八系」と「四一一系」の二目標に絞って車載及び携帯電波方向探知機による地上捜査を行うこととなった。

私は猛烈に張り切っていた。諜報無線の捜査は、第二次世界大戦の戦争映画で観たことはあっても、実際にその指揮をとるのは初体験だった。

映画の中では、スパイやレジスタンスが深夜、屋根裏や地下室から諜報無線を送信しているのを、ＦＢＩやゲシュタポの捜査官たちが方位測定をしながら追いつめてゆく姿がまぶたに浮かんで興奮する。

「三〇八系」の交点を地図に落とすと、現場は「西成区桜通り四丁目付近」。出現予想時刻は四月十四日午後十一時から翌十五日午前二時頃の間。これには四人の捜査班をあてることにした。

「四一一系」の容疑現場は「北区樋ノ口町付近」。出現予想時刻は、同じ日の同時刻。こちらは七名の捜査班をあてることにする。

現場大好きの外事課長だった私は、とりあえず「三〇八系」現場に近い西天下茶屋（にしてんがちゃや）派出所に前進指揮所を設け、「四一一系」が出現したら直ちに天満（てんま）六丁目派出所に移動することにした。

捜査員は西成や猪飼野地区の土地柄にあわせてダボシャツ、腹掛け、ボロジャンパーに作業ズボン、地下足袋というスタイルに変装、怪電波出現を知らせ合う点滅式懐中電灯などを携行している。私は使い古した山歩きスタイルで参加した。

だがこの四月十四日深夜からの捜査は、「四一一系」の親局からの電波だけで、子局は応答せず、午前四時まで張り込んだが空振りに終わった。

翌十五日も夜半に官舎を出て、現場に向かう。妻が不安そうな表情で見送ってくれた。実は、私たちはその前の年に結婚したばかり。妻は、ミッション・スクール出のお嬢さん育ちでまだ二二歳、しかも、おまけに初めての子供の出産を六月に控えた身重の体だった。

「どこへ、何しに行くの？」と訊いてはいけないと心得ているだけに、深夜になると姿を消す夫の奇っ怪な行動に、とても心細い思いをしたという。

■家庭を犠牲にした「スパイ狩り」の日々

十六日未明、西天下茶屋派出所で、やたらにピースをふかし、貧乏ゆすりしていた私は、「課長はん、『三〇八』の『B』、出よりました！」という報告に思わず立ち上がった。午前一時十七分から一〇分間、子局が送信したのである。しかもこの日は、午前二時四十八分に「四一一系」の子局も出現した。三回計五分間の送信だった。

発信源の特定には至らなかったが、その後の警察庁・近畿管区警察局担当官たちとの合同捜査会議は熱気にあふれるものになった。捜査費の増額、管区局からの五人増援、捜査用車両二台増強、電波探知機材や証拠保全用録音機の増配、さらには仮眠用ベッド追加など二十四時間捜査態勢強化のための諸要求もすべて認められた。

次回交信予想日は四月二十七日より二十九日（昭和天皇誕生日）と決めて、全力投球の態勢を敷いたが、内心、「ああ、これでまた土・日曜ばかりか祭日までフイか……」とため息をついた。

適用法規は「電波法第四条」である。「郵政大臣ノ許可ナク無線局ヲ開設シタ者」、罰則は同第一一〇条、「懲役一年以下、又は罰金五万円以下」にすぎない。これだけ苦労して「懲役一年以下」かと嘆きながらも、今度こそ、捕まえてやるぞと闘志を燃やし、また深夜の大捜査網の指揮をとる。


睡眠時間と家庭での週末を犠牲にした甲斐あってか「第五十五次捜査」は、大成功だった。同夜半、またも「三〇八系」「四一一系」の両方が、親局・子局とも出現したのである。この日、容疑家屋を四軒に絞りこむことに成功した。

深夜のスパイ無線捜査は五月中も続いた。そしてついに二十八日、「三〇八系」「四一一系」のどちらも住所と容疑者をほぼ特定できた。ここまでこぎつければ、あとは証拠を固めて逮捕するだけだ。

　実はその日は初めての結婚記念日だった。公務の面では大きなプレゼントをもらったものの、家庭的にはいただけないめぐりあわせだった。

　六月に入ると、「五一五系」が親局・子局とも出現した。また捜査対象が増え、外事課員は疲労の極（きわみ）である。「三〇八系」や「四一一系」も数日おきに出現した。連日連夜のスパイ狩りにへたばりながらも、逮捕へ向かって戦意は高揚していった。

　そんな最中の六月二〇日、家内が長男を出産した。その日も三系統の諜報無線捜査の会議が行われていて、私は最初の息子の誕生に立ち会うことはかなわなかった。

　だが、ほぼ特定されていた「三〇八系」「四一一系」の容疑者の捜査は進んだ。

「三〇八系」容疑者が、約三年前に一度交点が生じたことがある都島区のアパートに居住していたこと、「朝日新聞記者」と称しながら仕事はしておらず、近所の人から「変な人」とみられていたこともわかった。今のアパートでは、交信日にほかの部屋が寝入っていて真っ暗な中、容疑者の一六号室だけ豆電球が点くこともつきとめた。

「四一一系」容疑者の尾行から、生野区在住の別な男も北朝鮮スパイ一味で、子局の無線諜報員であることを割り出した。さんざん苦労したが、三つの兜首（かぶとくび）が目前にあった。

■広域北朝鮮スパイ網洗い出しに成功

検挙に踏み切るため、私は、東京に八回も出張して粘りに粘って意見具申した。しかし、わが信頼する川島広守警察庁外事課長の大方針は「泳がせろ」で変わらない。

「我慢して北朝鮮諜報組織の割り出しのため泳がすんだ。電波法違反は立証が難しい上、懲役一年だ。それより彼らの動向を視察して、スパイ網全体を洗い出す。大阪外事課の功績は警察庁長官賞で報(むく)いるから。わかってくれ」

捨て石にせよという命令に、私は怒りで体が震える思いだったが、涙をのんで従い、「そんな殺生(せっしょう)な」とふくれっ面の捜査員をなだめながら、深夜のスパイ無線捜査を続けた。密入国者二一人を一斉検挙したときも、この三名を含む一五人のスパイ容疑者を指示どおりわざと見逃した。

そうした粒々(りゅうりゅう)辛苦の末、ついに名古屋、三重、新潟、鹿児島に及ぶ広域北朝鮮スパイ網洗い出しに成功するのである。昔はこんなド根性の捜査官がいたし、いまでもきっといるはずだ。

捨て石となった大阪府警外事課は、警察庁長官・団体賞等を三本受賞した。だが新聞には一行も報ぜられず、上部からの指示により表彰状を課長室の壁に掲げることも慎まなくてはならなかった。当時、北朝鮮は「朝鮮民主主義人民共和国」と正式国名を言わないといけないような特別扱いをマスコミで受けていた。警察といえども、そういう「空気」に遠慮していたのではないか。スパイ罪をもつ〝普通の国〟であれば、彼らは死刑などの厳罰を科せられ、大阪府警外事課は世界にその名を知られたことだろう。

あれから半世紀以上が経過し、二〇〇二年（平成十四年）九月十七日の日朝首脳会談以降、日朝国交正常化交渉というか拉致交渉は、いまだに開かれたり中止になったり、遅々として進まない。不仲だった隣人と仲直りするのは結構だが、拉致被害者問題に頬被りして〝謝罪と償い〟ばかり要求する北朝鮮の理不尽な態度と、これに迎合する一部の声には怒りをおぼえる。

朝鮮戦争の際、北朝鮮などへの支援のための国内左翼による火炎ビン闘争で負傷、殉職した警察官は少なくない。幾多のスパイ事件捜査で苦労し、しかも沈黙している多くの元警察官に代わって、「冗談じゃねえや、迷惑したのはこっちだ。そっちこそ謝って償いをしろ」と叫びたい。

かくいう私も大迷惑を被った一人である。

あとでわかったことだが、夫の度重なる不可解な〝朝帰り〟に心痛を重ね、生まれたばかりの長男を抱えて懊悩する妻は、今は故人の父親に相談したという。

「して、そのときの淳行君の服装は？」という問いかけに、妻が「汚いジャンパー姿よ」と答えると、義父はうめいたという。

「うむ、そりゃあ、〝女〟ではないな」

■真夜中に「海水浴に行く」という不審者・温海事件

繰り返し述べてきたように、日本にスパイを取り締まる法律はない。

だから、戦後発生した四五件以上の北朝鮮工作員の諜報活動事件、潜入脱出事件は苦労して捜査し、検挙しながらも「執行猶予付きの懲役一年」という情けない結果に終わってしまい、そのつど、日本の外事警察は口惜しい思いをさせられてきた。

中でもとりわけ苦汁をのまされ、悲憤させられた事件が「山形県・温海（あつみ）事件」だった。

一九七二年（昭和四十七年）七月、警察庁警備局外事課長に就くと私は、過去に北朝鮮工作員の潜入・脱出事犯の起きた日本海側各府県の海岸を逐一警備艇でまわり、つぶさに現場検証してみた。私は根っからの現場主義者だから、なぜそれらの海岸が上陸地点として選ばれたか、自分で納得したかったし、それらの共通点を探れば、重点張り込み等による現行犯検挙の道も開けるのではないかと考えたためだ。

これら上陸地点を巡視してみて驚いたことは、彼らが実によく現場を実査し、最適の地点、時期を選んでいる、その用意周到さだった。潮の流れ、潮の干満、月齢（明る

さ）はもとより、
＊海上からみると一本松とか、工場の煙突とか、きわだった特徴の目標物があること
＊県境・市町村行政区域の境、警察署管轄区域の盲点などがあること
＊近くに国鉄（現・JR）無人駅、バス停留所など公共輸送機関の乗降車地点があること
＊国道・県道など自動車のアクセスもあること
＊警察署・派出所・駐在所などから遠いこと
などを、綿密にケイシング（現場を踏んで精査することを指すスパイ用語）しているのである。「温海事件」の現場も、そんな特徴に合致する地点の一つであった。

一九七三年（昭和四十八年）八月五日、午前〇時頃のことである。

山形県西田川郡温海町（現・鶴岡市）の国道七号線を警ら中のパトカーが、トボトボと歩いている不審な三人連れの男たちをみつけて、職務質問をかけた。

一人が外国なまりの日本語で「青森から歩いてきた。鼠ケ関（ねずがせき）の海水浴場に行くところだ」と答える。こんな真夜中に海水浴？　おかしい。潜入スパイではないかと感じた警察官が外国人登録証の提示を求めると、青森においてきたので、持っていないという。そこで署まで同行を求めたところ、三人の男たちはやにわに質問中の警察官の腹部に空手の一撃、もう一人の警察官に体当たりをくらわせ、なにか朝鮮語で大声で叫びながら

三人それぞれバラバラの方角に向かって逃げ出した。

一人は追跡した警察官によって、格闘の末逮捕され、もう一人は、近くの海水浴場のキャンプ村に潜んで海水浴客をよそおっていたところを逮捕された。海水パンツ一つで、浜辺にねそべっていたというが、午前四時頃のことで、いくら真夏でも海水浴には早すぎる時間だった。もう一人は、国内のスパイ組織にかくまわれたのか行方がわからない。

■「戦後日本の外事警察の最大の敗北」

この二人は、取り調べに遠洋運搬船「東海一号」の乗組員だと名乗り、暴風雨のため遭難してゴムボートで日本にたどり着いたのだと主張して、北朝鮮工作員であることを否認した。

だが、付近の岩かげでゴムボートが発見され、リュックサックからはラジオ、医薬品、乱数表、暗号表などさまざまなスパイ用具が見つかった。両名の供述はくいちがい、船の大きさも訊くたびにでたらめ、暴風雨の事実もない。暗号表を解読すると「自衛隊」「米軍」「基地」「工作員」など、スパイ活動をにおわす用語が多かった。

彼らがスパイ活動の意図をもって日本潜入をはかった北朝鮮工作員であることは明らかで、両名の出入国管理令及び外国人登録法違反にかかわる公判は、順調に進んだ。

警察庁外事課長だった私は、この「温海事件」には、さほど関心を払っていなかった。証拠は十分。日本海沿岸でしばしば起こる潜入事件と大同小異の、ごくありふれた北朝鮮スパイ事件の一つにすぎない。いずれの事件も判決は、執行猶予つきの懲役一年。今回も、どうせ懲役一年にきまっている。

「温海事件」から三日後の八月八日、東京・飯田橋のホテル・グランドパレスで発生した「金大中事件」で警察庁、警視庁は上を下への大騒ぎとなっていた。私は連日連夜、金大中事件の捜査や国会答弁、夜討ち朝駆けのマスコミ取材への対応などに忙殺されて、「温海事件」のことなど、ほとんど忘れてしまっていた。

同年十一月二日、山形地方裁判所で「温海事件」の二名にそれぞれ懲役一年、執行猶予三年の判決が言い渡され、身柄は直ちに法務省仙台入国管理事務所に移された。

とここまでは想定通り、いつものことだったが、異変が起きた。

なんとスパイどもは、証拠物であるゴムボート、無線機、乱数表などは自分の所有物ではない、金日成閣下の持ち物であると主張したのである。通常は捕まえたスパイに、自分の工作用具として認めさせたうえで所有権放棄させる。あるいは「私は知りません」と否認した場合は無主物という扱いにしておいて、裁判の際の証拠品として使う。証拠に使ったあと、無線機や乱数表などは、警察学校や公安幹部研修の教材として活用、スパイ取り締まりの教育に使っていた。

ところが、このときは妙に仕事熱心な弁護士がついて「証拠品の押収手続きが違法で無効だ。返還しろ」と言い出したのである。山形地検の担当検事もこの主張を認めていた。

そんなバカな話はあるか、と六法全書をひっつかんで該当条文を探す。

あった！

「刑事事件における第三者所有物の没収手続に関する応急措置法」（昭三八・七・一二・法律第一三八号）。

同法第二条によると、被告人以外の所有に属する物の没収手続きについて、検察官は公訴を提起したとき、その第三者の所在がわからなかったり、当人に通告できないときは、官報、新聞に掲載し、かつ検察庁の掲示場に十四日間掲示して、没収するぞということを公告しなければいけない、と規定してある。

「これらは金日成閣下のものです」と主張したスパイは今回が初めてだったので、検察庁も山形県警外事課も、そして私たちも意識の死角をつかれたのだった。

「金日成閣下の無線機だ」といわれたら、すぐ官報や新聞、掲示場に「金日成閣下、このゴムボートや無線機や乱数表は、貴下のものですか？」と、十四日間公告してたずねなければいけなかったのだ。

絶句して呆然としている私たちの目の前で、裁判所は「第三者所有物」、つまり「金日成閣下の持ちもの」であるゴムボートなど証拠品のスパイ道具一式を、被告らに返すように命じた。そして二人は、新潟港から定期船「万景峰号（マンギョンボン）」に乗って、ゴムボート、無線機、乱数表など抱え、意気揚々と北朝鮮に帰国していった。

当時の山本鎮彦警察庁警備局長から「戦後日本の外事警察の最大の敗北だ」とお叱りを受けた。これがスパイが罪にならない日本の現実である。

こんな生ぬるい対応をしているから、日本にはいくらでも工作員を潜入させられると北朝鮮当局は思ったに違いない。このあと、いわゆる日本人拉致が本格的に始まる。また、昨今の北朝鮮の核開発にしても、その技術的支援などで、日本に対する北の産業スパイなどもさぞかし暗躍したことだろう。初期の段階で、北のスパイを下手に泳がすのではなく、徹底的に取り締まっておけば、拉致の悲劇も起こらず、北の核開発のスピードも遅らせることになったのではないか。無念でならない。

■大トラはＫＧＢスパイ

「温海事件」が発生する四か月ほど前のこと、一九七三年（昭和四十八年）三月二十九日、すっかり春めいた朧月夜(おぼろづきよ)の午後十時過ぎ、警察庁外事課長だった私の自宅に、警察電話経由の報告が入った。ソ連の大使館員がグデングデンの酔っ払い運転で事故を起こし、高輪署に連れてこられてからも椅子をふりまわして大暴れだという。

外交官には外交特権があるから、酔いがさめるのを待って帰すしかない。本来なら警視庁の外事一課で処理すべきことで、警察庁まで報告して指示を仰ぐような事案ではない。

当時は、中国問題で目が回るほどの忙しさで、ロシア人の酔っ払いになど構ってはいられないというのが正直なところ。何でそんなことで電話してくるのかと、立腹気味だった。

というのも、前年九月二十五日、田中角栄首相訪中によって日中国交正常化が実現していた。私は訪中の際の田中首相一行の身辺警護の問題や、日中国交正常化に反対する右翼のテロ防止など、舞台裏で中国側との交渉にたずさわった者の一人だった。

その晩も、着任したばかりの陳楚・中国大使を迎えて、新設の中国大使館主催のレセプションがホテル・ニューオータニで催され、私もその席によばれて帰宅したばかりのときに電話報告が入ったのだ。

いまでこそ中国大使館は、麻布の一等地に立派な公館をかまえているが（もともとは台湾のものだったのを占有)、国交正常化直後のこの当時、仮公館をホテル・ニューオータニの一五階に開設、このフロアの一二室を使って外交事務を開始したばかりだった。

中華民国(台湾)と断交し、中華人民共和国との国交正常化を遂げた田中角栄内閣に抗議し、中国大使館の事務を妨害しようとする右翼諸団体は、しばしばホテル・ニューオータニに街宣活動をかけており、警備課も外事課も、日夜多忙をきわめていたのである。

当直の報告を聞いていると、呼ばれて高輪署にやってきたソ連領事は、酔っ払いロシア人の言動に腹を立て「酔いがさめるまで留置場に入れといてくれ」と言って帰ってしまったのだという。何でも、酔っ払いは領事の態度が気に入らないと言って、殴りかかって署内を追いかけまわしたらしい。

日本語がペラペラで、「俺は大使館員で外交特権がある。今日関わった警察官は、俺が外務省に抗議して、田中角栄総理に話して全員クビにしてやる」と暴言を吐いているとも。こりゃあ立派な「内政干渉」だ。

大トラ大使館員の名前を聞くと、ＫＧＢ機関員容疑者の一人だった。よし、こいつで一矢(いっし)報いてやろうと思いついた。

■ソ連スパイから十指指紋を採ってしまえ

というのも、駐ソ連日本大使館の防衛駐在官、渡部敬太郎一等陸佐、森繁弘一等空佐が、ソ連軍事施設のそばをバス旅行したというだけで、外交特権を無視されて身柄を拘置された事件が起きていたからだ。モスクワの日本大使館に仕掛けられた盗聴器捜索に赴(おもむ)いた自衛隊幹部二人に対し、毒物を盛られる事件も発生しており、ソ連当局のいやがらせが頻発していたのである。

外交の基本ルールは相互主義だ。一撃加えてやろうと決心した私は、この酔っ払いの留置を指示した。

果たして翌朝、出勤してみると、ソ連大使館のチャソフニコフ参事官が、朝一番で外務省欧亜局東欧第一課に乗り込んできて、厳重抗議の上、即時釈放を要求しているという。

上司の山本鎮彦警備局長に報告したが、「ああ、そう」と平気な顔をしている。

外務省の担当課長はわが親友、陸軍幼年学校出身の新井弘一氏だった。

「いまソ連大使館の参事官がのりこんできて厳重抗議してるんだけど、容疑事実と留置した理由は何ですか？」

「日本語で『田中首相に今晩のことを言って、関係者全員クビにしてやる』と言ってるんだ」などと説明すると、

「そりゃあ内政干渉だ。日本の法令守らないでいてそんなことをいうのはけしからん！」

以心伝心、内政干渉を持ち出して、猛然と抗議していたソ連大使館の参事官を平身低頭させたのだった。「なにごとも穏便に」がモットーの外務省だが、中にはこんな肝の据わった人物もいたのである。

後からかなり叱られたらしいが、新井氏はやがて駐東ドイツ大使となりベルリンの壁の崩壊や統一ドイツの誕生を見届けるのである。

いくつか挙げた釈放の条件に、留置場規則に従って「指紋を採らせること」を入れた。もし素直にOKしたら、普通の外交官か通商代表部員だが、拒否したらKGBの容疑濃厚、判定用の〝リトマス試験紙〟である。

参事官は「応じられない」と返事してきたそうだから、やっぱりKGBだった。それなら容赦はいらない。押さえつけてベタベタに黒インクを塗りつけて十指指紋やら掌紋やら採り、供述調書に署名させた上で、仏頂面で身柄引き取りに来たソ連領事に引き渡してやった。

ＫＧＢ容疑者なのだから国際問題になどなりっこない。表沙汰にしたら向こうにとってヤブヘビだ。指紋を取られたスパイなど使い物にならないから、必ず本国へ帰される。

「通商代表部の大使館員が、飲酒運転で事故を起こしました」とマスコミに発表し、ソ連大使館へのメッセージも出した。単に外交官による交通事故を公にしただけではない。

「内政干渉の発言がありました。関わった警察官を全部クビにするとおっしゃった。日本語で言って、みんなが聞いている。これは警察官の人事という日本の内政に対する重大な干渉です」

ソ連大使館側は沈黙した。外交官としてもっとも侵してはならないこと、言ってはならない発言をしたと公表したものだから、一言も文句は出なかった。

■駐日ソ連大使のエスプリ、敵ながらアッパレ

飲酒運転で墓穴を掘ったソ連スパイは、釈放翌日、朝一番の航空便でモスクワへ向けて帰国した。われわれとしては「さあ、これで一人ＫＧＢを追放だ」というわけで慶賀なことであった。

これがカウンター・インテリジェンス、相手が無法なことをすれば同じ程度の仕返しをする相互主義だ。法に基づいて、知恵と胆力でスパイ国家に勝つ。これがスパイ・キ

ヤッチャーを束ねる外事課長の仕事である。国際問題になるのではないかと恐々としていてはとても務まらない。

「これにて一件落着」と思っていたら、この話には後日談があった。

六月、英国大使館で英国女王エリザベス二世陛下の誕生日祝賀会のパーティーが催された。

警察庁外事課長として、この英国女王誕生日パーティーにご招待を受けて出席したところ、トロヤノフスキー駐日ソ連大使がいる。顔を合わせづらいな、と思っていたら、茶目っ気たっぷりの英国参事官、ロニー・キッド氏につかまった。

実はこの参事官、秘密情報部ＭＩ６に在籍する人物で、私が香港領事時代からの知己である。当然のごとく情報部員の耳にソ連スパイ退治のことは入っているようで、こんなことを尋ねてきた。

「聞いたぞ。いやいや、よくやった。〝イワン〟に一泡吹かせたってな。……ところで、あなたはソ連のトロヤノフスキー大使と面識ありますか？」

こっちはようく存じあげているが、おそらく向こうは私のことを知らないであろうと答えると、「私が紹介してあげるから」と、ためらう私の背中を押すようにして、ソ連大使近くに連れていった。

「ユア・エクセレンシー（閣下）。謹んで日本警察庁の警備局外事課長のサッサ警視正をご紹介します」

大使はニコニコした好人物だった。

「ああ、あなたが警察の交通問題の専門家でいらっしゃると伺った方でしたか」

二か月ほど前の、スパイ留置・指紋採取騒動に対する、痛烈でエスプリの利いた見事な皮肉だった。

「さようでございます。大使閣下、万一、大使もトウキョウで交通違反切符などお受け取りになりましたら、直ちに私にご一報ください」

このイタズラを仕掛けた英国秘密情報部員・キッドは「これだよ。これが本当のスパイの会話だ」と手を打って喜んでいた。

私はトロヤノフスキー大使のユーモア感覚にすっかり感服した。その後、彼は、国連大使を長く務めていたが、実にさっぱりとしていて教養ある紳士であった。ちなみに夫人は有名女優だと聞いている。

第四章

彼は二重スパイだったのか？

■〝ネグシ・ハベシ国〟大使の出現

私が警視庁公安部外事課の課長代理を拝命し、〝スパイ・キャッチャー〟として歩み始めたころ、通常の外国人犯罪を取り締まるのは、警視庁では刑事部捜査第三課の所管だった。だから、ときどきスパイを取り締まる公安部外事課と刑事部捜査第三課の境界線上で珍妙な事件が起こった。

以下は当時の奇妙キテレツな珍事件である。

一九六〇年（昭和三十五年）一月、丸の内警察署は詐欺罪で一人の外国人を逮捕した。身長一七五センチ、中肉赤毛で一見白人風の〝自称アメリカ人〟ジョン・アレン・K・ジーグラス（三六歳）である。

ジーグラスは前年十月、韓国籍の内妻を伴って羽田から入国していた。

容疑は、チェース・マンハッタン銀行東京支店から偽造小切手で約二〇万円、トラベラーズ・チェックで一四〇米ドル（邦貨換算五万四〇〇〇円・当時）を、さらに韓国銀行東京支店から一〇万円、合計約三五万円を詐取したというもので、チェース・マンハッタン銀行東京支店から告訴されていたのだった。

この男の取り調べが外事課にまわってきた。三五万円といえばそのころの私の年収に近い。そんな大金を詐取するとは不届きなヤツ、というのが第一印象。警視だった私の月俸は約三万二〇〇〇円。「米ドルで九〇ドル相当。アメリカの巡査の週給じゃないか」とひそかに自嘲していた時代なのだ。

だが変だ。この手の外国人犯罪は刑事部捜査第三課の所管のはずだが、なぜ外事課にまわってきたんだ？

その理由は本人が〝ネグシ・ハベシ国〟の移動大使で、アメリカの諜報機関員だと主張したからだった。正式には（？）〝ネグシ・ハベシ・クールール・エスプリ国〟……？　聞いたこともない国名だが、大きなパスポートを持っていて、「外交特権の侵害だから、すぐに釈放しろ」とわめいているという。アメリカの情報機関員を自称していることもあって、「それならば外事課だ」と回されてきたらしい。

取り調べでは世界地図を出して〝ネグシ・ハベシ国〟がどこにあるのか訊いたところ、エチオピアのちょっと南のあたりを指していた。その当時、かつて植民地だった国々が相次いで独立していたから、ウソだと決めつけるわけにもいかない。われわれが知らないだけで、本当に外交特権を持つ人物だったら大変な国際問題になる。

週刊誌サイズほどもある巨大なパスポートはネグシ・ハベシ語で書いてあるとのことで、アラビア文字に似ているものの解読不能。本人の翻訳によると、パスポートの資格を証明する欄には「ネグシ・ハベシ国国連代表部・特命全権大使」かつ「移動大使(Roving Ambassador)」とあるという。つまり、一か国に駐在しないで各国を歴訪して歩く大使という意味だというのだが……。

■ウソを立証するための裏付け捜査

ジーグラスへの取り調べは英語で行われていたが、本人はドイツ語、フランス語、イタリア語、スペイン語など一四か国語が話せるという。

外務省の中近東・アフリカ課に照会したところ、しばらくしてから「調べてみましたが、そんな国はありません」という返答。アフリカや中近東あたりでは新しい独立国が次々と生まれていたころだから、外務省の係官も自信がなかったのだ。

アメリカに照会すると、こちらはすぐに「該当なし」と返ってきた。ジーグラスに問い質すと、「実はアラブの某国の諜報員だ」と言い出す始末で、どうやらただの外国人詐欺犯らしい。であるならば捜査三課の所管だが、とにかく彼が何者なのか、言っていることはどこまで本当なのか、ウラをとらなくては話がすすまない。

かくして外事課で〝ジーグラス事件〟の捜査が始まった。

彼の携行していた外交官パスポートは、結局、どこの国の政府の発行した外交旅券でもなく、ご本人手製の偽造旅券と断定された。

しかし、滑稽なことに、そのパスポートには一九五九年（昭和三十四年）十月十七日付で台北の日本国大使館が発給したホンモノのビザ（査証）をはじめ、東南アジア諸国駐在の日本国政府在外公館が発給したビザのスタンプがいくつか押してある。

ビザが真正であればこそ、羽田から堂々と入国してきたのである。法務省入国管理局は、「すべて外務省の出先の責任で、当局には責任はない」と言い張り、外務省では「いちばん最初に査証のスタンプを押した公館は、どこだ」と調査が始まった。

そんな騒ぎをよそに、ジーグラスは口から出まかせのでたらめをしゃべりまくる。ウソだとわかってはいても、不法入国と詐欺罪の犯人として事件を立件送致するために、捜査当局はいちいち裏付け捜査をして、ウソであることを立証しなくてはならないのである。

経歴を問うとこんな答が返ってきた。

「私はアメリカで生まれ、チェコ、ドイツを経てイギリスに行き、そこで高校を卒業した。第二次世界大戦では英空軍のパイロットで、ドイツ軍の捕虜になったこともある。戦後は中南米で暮らした。その後韓国で米軍の諜報機関員となり、やがてタイやベトナムでパイロットをやった。それからアラブ連合の特殊任務に就き、エチオピアの国境近くにあるネグシ・ハベシ国の外交官となった。日本にきたのは、アラブ大連合の日本人義勇兵募集という極秘任務遂行のためだ」

ウソだとすぐにわかるようなバカバカしい話だが、いちいち外務省を通じて、エチオピア、アメリカ、ドイツ、チェコ、イギリス、韓国など、彼が挙げた国々に事実関係確認の照会をしなければならない。

「ネグシ・ハベシ語とはどこの国の言葉か?」と訊けば、「回教のアラブ語系の言語でエスペラント語と同系統の言語だ」という。

言語専門の大学教授数人に問い合わせて、いろいろ調べてもらったところ「このような単語や文法をもった言語は、世界中にない」との結論。

韓国人の内妻は、韓国の本物のパスポートのほかにこのネグシ・ハベシ国のパスポートを持っていた。彼のことはアラブ連合外交官だと信じ切っていたという。

パスポートが偽造であることは、ホテルを捜索して押収した印鑑、つまりジーグラス本人の印鑑と、旅券に押されていた発行責任者の印が一致したことによって立証できた。

東京地方検察庁は「国籍不明」として起訴し、国選弁護人も、被告がどこの誰だかわからないまま弁護にあたるという前代未聞の珍事件だった。

■珍奇事件に関わるヒマはない

〝ジーグラス事件〟に振り回された一九六〇年（昭和三十五年）は、第一次安保反対闘争が数か月にわたって吹き荒れ、全学連を主軸とする学生運動は過激化し、ハガティー事件とアイゼンハワー米大統領の訪日中止（六月十日、十六日）、国会・首相官邸を包囲する連日連夜の二〇万人デモ（六月十一日ほか）、全学連の東大生・樺美智子さんの死（六月十五日）などが起こった動乱の年である。

海外に目を転じれば五月一日、ソ連上空で、アメリカのスパイ機U2型機が撃墜され、パイロットのフランシス・パワーズ大尉がパラシュート降下してソ連の捕虜になるという大事件が起きていた。

U2型機とは、ロッキード社が製造した高性能スパイ機だ。二万七〇〇〇メートルの高空をエンジン停止で無音飛行し、地上の偵察目標の写真撮影をするCIA秘蔵の特殊偵察機である。捕虜になったパワーズ大尉が、自分はCIAのスパイだと自白したものだから大騒ぎとなった。

フルシチョフの訪米を機に緊張緩和に向かっていた米ソ関係は、この事件で再び険悪となったのである。

外事課の本来の任務は、ソ連をはじめとする共産圏諸国のスパイの取り締まりだ。米ソの緊張が高まるにつれスパイ活動も活発化が予想されていた。

その一方、日本国内は第一次安保反対闘争の激化によって、外事課員も国会・官邸周辺のデモ警備に連日連夜動員されていたような、騒然たる日々が続いている。

ジーグラス事件のようなバカバカしい捜査をいつまでもやってはいられない。早々に出入国管理令及び詐欺容疑事件として東京地検に送致し、忘れるともなく忘れてしまった。


ところが、その年の八月十日、またジーグラスが騒ぎを起こし、私たちは否応なしに彼の存在を思い出させられるのである。

判決公判の日に、法廷で派手に自殺を図ったのだ。

出入国管理令違反及び詐欺罪で起訴され、公判が行われていたジーグラスに、東京地方裁判所は懲役一年の判決を言い渡した。ところが通訳が判決内容を訳しはじめると、突然、ジーグラスは隠し持っていたガラスの破片で両腕の血管を切りはじめたのだ。

被告席に血が飛び散り、廷吏(ていり)があわてて取り押さえに走る。彼は英語で「私は自殺する」と叫んで、派手に卒倒してみせたのだった。

すぐ救急車で病院に運ばれたが、全治一〇日間ほどの軽傷だった。

なぜそんなことをしたかというと、「判決公判の際、刑の申し渡し中に被告に事故があったりすると、判決は効力を発揮せず、裁判はやり直しになる」と思い込んでいたようだった。

彼は未決勾留の期間、「自分の弁護は自分でやる。日本の刑法と刑事訴訟法を勉強したいから、英訳の刑事関係法令を差し入れてくれ」と要求して、房内で一生懸命勉強していたという。どの条文をどう解釈したのかはわからないが、もちろん判決無効だの裁判やり直しだのはあり得ない。

ガラスの破片は、牛乳ビンを割って、口の中に隠していた。

結局、傷が癒えるのを待って判決公判が再度行われ、懲役一年の実刑判決を受けて服役することとなった。

■後を引いた〝ジーグラス事件〟

日米安保条約が自然成立し岸内閣が退陣して、反安保闘争・街頭大衆行動は八月ごろになってようやく収まってきたが、一九六〇年は、まだまだ続いていた。

十月十二日、日比谷公会堂で、日本社会党の浅沼稲次郎委員長が右翼の少年・山口二矢によって刺殺される事件が発生。非業の死が報じられると、たちまち抗議集会や抗議デモが起こった。

総評（日本労働組合総評議会）と社会党に組織された抗議デモが桜田門の警視庁と、警察庁が入っている人事院ビルにも押し寄せて、最終的には二〇万人に膨れあがったのだ。

それだけの人数が押し寄せ、何時間もデモが続いているうちに、警視庁庁舎全体が揺れ始めた。二〇万もの群衆が「ドーン」「ドーン」と足踏みをするから、巨大な肉のハンマーで石造りの建物を打つがごとく、ゴン、ゴン、ゴンという音とともに天井の電灯がゆらゆらと動く。「警視庁ゆらぐの日」だ、と庁内で冗談を飛ばしていたのだが……。何せ、この旧警視庁ビルは、戦争中、空襲に備えて、屋上にはセメントなどの重しを乗せていたし、地下、地盤は皇居のお堀近くで緩かったから、余計、揺れるのである。

私はずいぶん長く桜田門の警視庁に勤務したけれども、あんな経験はしたことがない。

一方、翌一九六一年（昭和三十六年）に入っても右翼テロは収まらない。二月一日、深沢七郎の小説『風流夢譚』を掲載し皇室の名誉を傷つけたという理由で、中央公論社の嶋中鵬二社長に天誅を加えるとして、東京・市谷の嶋中邸を襲撃、お手伝いさんを刺殺するという「嶋中事件」が起きている。

そんな右翼テロが横行する雰囲気も漂う中で、八月にはソ連からミコヤン第一副首相が来日することになり、われわれ警視庁外事課も警備の準備で大わらわだった。

そのさなか、服役中のジョン・アレン・K・ジーグラスに、またしても悩まされることになった。こともあろうに獄中から時の原文兵衛(ぶんべえ)警視総監らを相手取って、「横領罪」による処罰と、一〇〇万ドルの損害賠償を求めて告訴したのである。

訴状によると、「日本警察はネグシ・ハベシ国移動大使であるジーグラスを不当にも逮捕し、所持していた同国の原子力開発の極秘計画書を没収し、横領した」という。

途方もない言いがかり、でたらめの告訴だった。

一〇〇万ドルといえば、当時の邦貨三億六〇〇〇万円だ。この当時、東京では一戸建てが五〇〇〇万円あれば十分買えたから、どれほどの金額だったか想像がつくだろう。

憤慨してばかりはいられない。告訴された以上、身のあかしを立てる必要がある。「誣告罪(ぶこくざい)」（人に濡れ衣を着せる犯罪申告の罪）か「名誉毀損罪(きそんざい)」で逆襲してやろうという声もあったが、この忙しいときにそんなことはやってられない。

司法当局や警察は、刑事事件の告訴があったときは捜査をすることになっている。担当するのは刑事部捜査第二課や警務部訟務課だ。「このウソ、本当にウソなのか？」と訊いてくる彼らに、逐一事情を説明しなければいけない羽目となった。

もっと困ったのは、突然わけのわからない事件の「被告」にされてしまった新任の原文兵衛警視総監に、この〝ネグシ・ハベシ国大使の犯罪〟を、あらためて発端から説明しなければならないことだった。

原総監は苦笑していたが、秦野章公安部長に、ネグシ・ハベシ国の説明を始めたところ、「この忙しいのにそんなバカな話、きいてる暇ねえよ、いい加減にしろっ」と、にらみつけられる始末。大体「不存在の証明」ほどむずかしいものはない。事実無根で原告請求却下にもっていくのにさんざん苦労させられたのである。


秋になって、懲役一年のジーグラスが刑期満了、出獄したとき、また一悶着起きた。国外退去強制処分にすることになるのだが、ネグシ・ハベシ国は存在しないのだからどこに送ればいいのかわからない。「国籍不明」として起訴され、裁判も行われていた。鳩首協議の結果、日本に入国したときの最終寄港地、香港に送還することに決まった。香港政庁はまたその前の寄港地に強制送還するだろう。そうやって次々と強制退去されていったら最後はどうなるのかと、迷惑を被った外事課だが、皆で心配したものだ。

さすがにその後、われわれの前に姿を現すことはなかったが、いったいどこに消えたのだろう？

■東京オリンピックさなかの亡命者

一九六四年（昭和三十九年）十月十日、青空の下、開会式が行われた東京オリンピックは、戦後の復興と経済大国として成長する姿を世界に示す、国の威信をかけた大会だった。当時の記憶のある人は、若くてもそろそろ還暦を迎えるころだろうか。世界九三の国と地域から選手五一五二人が参加して、一五日にわたる熱戦が繰り広げられ、日本中が大いに沸いたのだった。

その真っ最中に、ソ連人の亡命者が出た。

東京港の晴海埠頭に停泊していたソ連のオリンピック観光船「ウリツキー号」の乗組員の一人が、十二日、ショア・パス（寄港地上陸）で東京タワー見物から皇居にいく途中で逃げ出して、最初はアメリカ大使館に駆け込んだらしい。

当時の私は、翌年からの香港赴任が決まって外務省に出向、語学研修や、自動車運転の講習に明け暮れる日々を送っていたが、外務省の中国課長から「警察とのリエゾンを頼みます」とのとても丁寧な指示だ。いささか退屈していた私は勇んで古巣・警視庁外事課に行った。

記録によると、脱走船員の名前はヴィクトル・イヴァノヴィッチ・シシェリャーキン、年齢二八歳。四人兄弟の長男。一等乗組員……とある。

ＫＧＢのスパイは、運転手だのコックだの、わざと目立たない軽い身分の者に化けることを好む傾向がある。「一等乗組員」といえば聞こえはいいが、要するにヒラ船員。ますます怪しい。

亡命の動機は、ソ連の窮乏した生活に我慢できなくなり、自由と規律のある西ドイツ（当時）に住みたいという、単純なものだという。もしかすると、経済難民のふりをして西独潜入を狙うインフィルトレイター（相手国の組織にもぐりこむスパイ）かもしれない。

しかも船長自身がソ連大使館に通報し、それを受けたシャーロフ領事部長が午前三時五十分に警視庁に出頭して公式に捜索願いを出している。これに重なってポカチョフ一等書記官が晴海埠頭を所管する月島警察署に現れ、捜索を依頼していた。

午前三時五十分という異例な時間に、シャーロフ自身がきたとあっては、これはただごとではない。ヒラの船員ひとりの失踪にしては、取り組み方が大げさすぎる。

さる八月、ソ連ボリショイ・バラエティーの芸能団員二人がアメリカ大使館に亡命を申し出た際、ソ連大使館はこんな大騒ぎはしなかった。よほど重要な人物なのだ。ＫＧＢの将校に相違ない。

■ソ連大使館は面会を強く要求

十四日になると、この疑念はますます深まった。ソ連最高指導者フルシチョフの解任が、突然発表されたのである。

ラストボロフ亡命事件が起きたのは、ベリヤ内相が粛清されたときだった。シシェリャーキンは、うすうすクレムリンの内情を知っていて、身の危険を感じて亡命したとも考えられる。第二のラストボロフかもしれない。私も興奮してきた。

外務省に出向中の私は、直接捜査に参加できない。警視庁外事課にいる間に起これば よかったのにと、なんとも残念だった。

捜索願が出た後も、ウリツキー号の船長が直接警視庁に掛け合いにきたほか、大使館参事官が外務省の欧亜局長あてに本人との面会を申し入れている。さらには大使自身が外務次官に電話を掛けてきたという。相当な大物と思われた。

シシェリャーキンは、ショア・パスで一応合法的に入国したわけだが、十三日午前七時で期限切れになっている。これは「出入国管理令第七〇条七号」の「不法残留」が適用罪条となる。

手続きとして、出入国管理令違反で逮捕し、東京地方検察庁に書類送致することになった。政治亡命事件であるので、東京地方検察庁ではこれを不起訴処分にし、外務省の交渉を待って受け取り、受け入れ国に向けて強制送還することになるはずだ。

そうこうするうち、ソ連大使館のシャーロフ領事部長が正式に外務省に抗議してきた。「国際法上、領事はソ連市民を保護し、その自由意思を確認する義務がある。日本政府もそのように取り扱うのが当然である」として、本人との面会を強く要求してきた。

さらに、「本人は健康を害しているから、人道上不法に身柄拘束している日本警察に対し、即時引き渡しを要求する」とも言ったという。

この力の入れようはよほど重要な人物なのだ。ソ連船の乗組員だから日本のソ連諜報網を操っているわけではあるまい。日本人スパイの芋づる検挙はあまり期待できないが、ソ連の国際諜報ネットワークについて貴重な情報が得られるに違いない。

■「KGBの将校」から一転

ところが妙な風向きになってきた。ホテルにかくまっているシシェリャーキンの振る舞いがどうもおかしい。

たとえば食事のとりかたである。夕食が鶏の片腿のソテー、パン、リンゴ、コカ・コーラというメニューだったときのこと。コカ・コーラを飲んだことがないらしく、警戒して飲まない。担当として付き添っているロシア通の警部が、毒味してみせるとようやく飲んだという。

鶏腿のソテーは、しゃぶり尽くしてツルツルになった骨しか残っていないし、リンゴは、芯も種もガリガリ食べてしまって、木にぶらさがっているときの小枝だけ皿に残っていたようだ。ＫＧＢの将校なら特権階級だから、そんな下品な食べ方はしないだろうという疑念が浮かんできたのである。

それだけではない。ＫＧＢ将校なら、制服を着るときネクタイを締めるはずだが、どうも彼はネクタイを締めたことがなかったようなのだ。

亡命者として保護したとき、機械油のしみた作業服姿で、シャツも靴もぼろぼろだったから、人情家の川島広守公安部長（後年、プロ野球コミッショナーに就任）が気の毒がって「ブラ下がりでいいから背広、ワイシャツ、ネクタイ、靴と、一式買ってやれ」となったのだが、ネクタイを自分で締められなかったというのだ。

付き添っている警部が締めてやると、バス・ルームの鏡に映して、右から見たり、左から見たり、己のネクタイ姿に見惚れていた。さらに、一度ネクタイをほどいてしまうと自分では締められないものだから、結び目をゆるめて、大きなワッカにして頭越しにはずしたとも。

ワッカの状態のままサイド・テーブルに置いてベッドに入り、翌朝、また頭からかぶって、両端をひっぱって締めたというのである。

そんなKGB将校がいるか？　となったのも無理はない。大物だと確信していた私は意気消沈、がっかりしてしまった。

もっとも、警視庁としては「がっかりだった」ではすまない。もし、なんの値打ちもない、ただの乗組員だとなると、アメリカも西独も引き取ってくれないだろう。そうなると警視庁はいつまでも彼を保護し続けて、ホテル代や食事代を捜査費で支払い続けることになる。さりとて人道上、ソ連に引き渡すわけにもいかないだろう。

■新機軸の潜入工作だったのか

外務省に戻って、西独との交渉の進展状況をきいてみると、西独は「さし迫った危険による政治亡命とは認め難い」といって、引き取りを渋っているという。

一方、ソ連大使館からは執拗な面会要求が続いていて、外務省も困ってしまった。

結局、十月十五日夕刻、外務省の霞友会館で外務省と警視庁の係官の立ち会いの下、一回だけ、一〇分以内、説得はしない、という条件で、シャーロフ・ソ連大使館領事部長とシシェリャーキンを会わせることになった。

私たちが心ひそかに望んでいたのは、シシェリャーキンが翻意してソ連に帰ると言い出すことだったが、なかなかものごとは思い通りにはいかない。彼の亡命の意志は固かった。

その後、どうにか西独との交渉がうまく進んで、シシェリャーキンは国際難民救済団体の基金によって旅費を支給、自費出国して、西独・フランクフルトの国連難民収容所に入ることになった。

旅券を持たない彼に、在日アメリカ大使館が「渡航証明書」を交付、西独はこれを受け入れる。日本政府は出入国管理令違反の不法残留は「微罪」とみなして不起訴処分とし、本人に出国勧告を行うという法的手続きによって彼を離日させることとなった。

脱走から九三日、十月十五日夜、シシェリャーキンは、羽田空港からオランダ航空（ＫＬＭ）機で西独に向け出国した。

翌日の新聞に、パリッとしたレインコートを着て、片手にソフト帽まで持った彼の写真が載っていた。人の好い警視庁は、新しい人生への門出の餞別（せんべつ）として背広やワイシャツ、靴、ネクタイだけでなく、レインコートとソフト帽まで、プレゼントしてやったのである。

ホームランボールだと思ってフルスイングした警視庁外事課が大空振りした事件のよ

うにも思われたが、なぜか私の頭の片隅に、なにか納得できない謎として残った。

後年、フレデリック・フォーサイスの『第四の核』や『悪魔の選択』、ル・カレの『ロシア・ハウス』など、KGBスパイ小説を読むうちに、ひとつの疑念が浮かんできた。

スパイ用語でいうインフィルトレーション（敵国に対するスパイ潜入工作）――西独にスパイを送り込むための、手のこんだKGBによる高等戦術だったのでは、という可能性である。

シシェリャーキンが亡命したとき、もし駐日ソ連大使館が関心を示さなければかえって治安当局の疑惑を招く。いかにも重要人物の亡命であるかのように大使以下が大騒ぎをしてみせる。そうすると日本側は、彼を大物スパイだと思って過大評価をする。

そこで当の本人がバカの役を演じてみせると、失望した治安当局は、早く厄介払いをしようとして西独に送りこもうとする。そんな下級船員では西独も政治亡命者としては認められないが、人道上ほうってもおけないから難民キャンプなら受け入れてもよいと考える。

そうなると、ソ連KGBはエージェントを西独に合法的に入国させられる。あわよくば、お人好しのアメリカが彼の入国を許可し、永住権を与えるかもしれない。

スパイとスパイ・キャッチャーとの水面下の闘いの虚々実々は、まさに「小説より奇なり」である。シシェリャーキンは下級船員を装った、ＫＧＢの優秀な将校だったのかもしれないと思えてくるのである。

ＫＧＢが緻密に考え出した新機軸の潜入工作だったかどうか、あれから半世紀が過ぎた今、確かめるすべはない。

■史上最悪の東芝機械ココム違反事件

私が国際インテリジェンス・オフィサーとして遭遇した、最大かつ最重要のスパイ事件は、内閣安全保障室長時代に発生した、東芝機械によるココム（ＣＯＣＯＭ＝対共産圏輸出統制委員会）規制違反の対ソ大型工作機械の不正輸出事件である。

世人はほとんど理解しなかったし、今ではすっかり忘れさられているけれども、第一章で述べた「ラストボロフ事件」に匹敵する、国運に関わる大型スパイ事件だった。

一九八七年（昭和六十二年）のある日、アメリカ大使館のリーガン法務官（リーガル・アタッシェ＝ＦＢＩ代表）が、アポを取った上、内閣安全保障室長の私を訪ねてきた。

私のカウンターパートは「チャイルド」と呼ぶＦＢＩ要員と、ＣＩＡのビル・ウェルズ一等書記官だったから、リーガン氏とは初対面だった。

会ってみると、彼はとんでもない話を始めた。

「一九八六年末ごろ、在京アメリカ大使館あてに一通の封書が届いた。中身は、東芝機械がココム規制に違反して大型工作機械を第三国のノルウェーを迂回させてソ連に不正輸出しているという告発状だった」

差出人は「熊谷独（くまがいひとり）」という、東芝の子会社、東芝機械のモスクワにおけるダミー会社「和光交易」の商社マン。彼はモスクワ在勤中にKGBのハニー・トラップにかかり、日本帰国後も追ってきたその女性に脅迫され殺されそうになっていると言って、アメリカへの亡命を願い出ているというのである。

熊谷独から調書をとったところ、この不正輸出がアメリカに対する軍事的脅威となる重大な技術スパイ事件だったことがわかって、アメリカ政府は日本の外務省、警察庁、防衛庁（当時）に正式な調査依頼をしたが、「そのような事実はまったく承知していない」「当該技術はノルウェー向けで対ソ不正輸出ではない」「当庁の所管ではない」と、すべて拒否されたとのことだった。

リーガン氏が私を訪ねてきた理由は、

「近年日本にもNSCができ、貴官が初代室長になられたと聞いた。米NSCのカルルッチ大統領補佐官（国家安全保障問題担当）のカウンターパートであり、総理と官房長官に直接報告できる立場であると聞いて、ぜひこの重大事件を報告してほしい」

と言う。詳細は在日アメリカ海軍司令官コシイ少将に説明させるので聞いてほしいとのこと。早速、コシイ少将に面会を求めたところ、驚くべき事件だとわかった。

「東芝機械が不正輸出した五軸大型スクリュー工作機械により、ソ連海軍艦船、とくに戦略原潜のスクリューの形が変わり、スクリュー音がしなくなってしまった」ということだった。

スカッド型という途中から折れ曲がった羽根のスクリューに変わったことで、キャビテイション（発泡）が減ったのである。

これまで日米の対ソ潜水艦対策は、ウラジオストックなどから出撃してくる原潜のスクリュー音を採取記録して、その音紋により各艦を識別、すべて所在を把握していた。これをアメリカ海軍の攻撃型原潜が気づかれることなく追尾し、万一、米ソ海戦となった場合、すべて撃破できる体制にあった。

ところがある日、まったく気づかないうちにアメリカ近海に侵入したＳＬＢＭ（潜水艦発射弾道ミサイル）搭載のソ連戦略原潜二隻が捕捉され、アメリカ海軍は色を失ったというのである。

調査の結果、日本の東芝機械がココムに違反して、ノルウェーに迂回不正輸出した大型工作機械で製作された直径九メートルの大型スカッド・スクリューに換装されたものと判明していた。くだんの熊谷独が、物証を挙げてＣＩＡに告発しているのだという。「東芝機械に対する大規模な工作が奏効して、音紋を無効化したのだ。これによってアメリカ海軍が被った損害は三〇〇億ドルに及ぶ」

コシイ少将の率直な説明に唖然とする思いだった。リーガン法務官が「日本政府はこの事件を捜査、検挙し、再発を防ぐとともに、音紋の再収録に全面協力してほしい」と要請してきたのはそういうことだったのか。

東芝機械が不正輸出した機械は、原潜オスカー級、タイフーン級（二万〜二万五〇〇〇トン）のスクリュー製作のための九軸工作機械と、原潜アクラ級、シエラ級、ヴィクター級（六〇〇〇〜八〇〇〇トン）のための五軸工作機械だった。

■東芝のラジカセが叩きつぶされた理由

一九八七年（昭和六十二年）六月、ワインバーガー米国防長官が、中曽根康弘総理に直接抗議し、善処を要請するために来日した。

この事件についての日本の外務、通産、防衛の各大臣・長官と国家公安委員長のいずれも「ＰＯＯＰＯＯ（いい加減）でやる気なし」として、ものすごい剣幕だった。

アメリカは、東芝機械のココム違反の不正輸出によって、本土がソ連原潜のＳＬＢＭ

攻撃に曝されたとして反日感情が高まった。東芝機械が「東芝」と報道されたことから、上院議会は包括貿易法案に東芝製品の米政府調達禁止条項を加えることを可決、翌年に成立すると、ソビエト崩壊後の一九九四年にココムが撤廃されるまで対日貿易制裁として効力を持ち続けた。

わずか二〇〇〇万ドルの工作機械輸出で、アメリカ海軍に三〇〇億ドルの損害を与えたエコノミック・アニマルという汚名を日本は着せられた。

東芝製品のボイコットはすさまじく、ワシントンの国会議事堂前では、東芝のラジカセを積み上げて、下院議員たちがハンマーで叩きつぶすシーンがCNNで全世界に放送された。ロープを片手に「東芝は絞首刑だ」と叫びながら走り回る議員も映った。

これは、アメリカ海軍のSOSUS（音響監視システム）のデータなどの情報をKGBのスパイに売った海軍一家、ウォーカーファミリーの四名が、終身刑や懲役三六五年といった刑になったことが背景にあった。「それなら東芝は絞首刑だ」というアメリカ人の怒りだった。

実はこのウォーカーファミリーのスパイ事件が、東芝機械によるココム違反事件の発端だった。

一九八五年（昭和六十年）五月二十日、FBIは海軍准尉ジョン・ウォーカーをスパイ罪で逮捕、芋づる式に、息子で原子力空母ニミッツ乗組員のマイケル・ウォーカー水兵、ジョンの兄のアーサー・ウォーカー元少佐、通信兵曹ジェリー・ウィットワースを逮捕した。

彼らがKGBに売ったデータから、アメリカ海軍はソ連原潜のスクリュー音をことごとく掌握している事実が判明、これに驚いたソ連が、潜水艦のスクリューの静粛化のため、対外活動を始めたのだった。ここに熊谷独が告発した和光交易が、さらには後述する伊藤忠商事、瀬島龍三（せじまりゅうぞう）氏が関係してくる。

■だから言わないことじゃない

ワインバーガー米国防長官が中曽根総理に強硬な抗議を申し入れる前々日、六月二十七日朝、私は随員だったリチャード・アーミテージ国防次官補と、ジェームス・ケリーNSCホワイトハウス特別補佐官から、至急会いたいという電話で、一行の宿舎だったホテル・オークラに呼び出された。

「週明け月曜日の朝一番に、ワインバーガーは中曽根総理に会う。ホワイトハウスもペンタゴンも日本政府のPOOPOOな態度に猛烈に怒っている。日本の外務・防衛・警察・通産、どの省庁もこの重大事件に取り組もうとしない。貴官は治安・外交・防衛・危機管理を司る（つかさどる）初めての日本版NSCで、後藤田（ごとうだ）官房長官直属だ。永年の友情で貴官に四八時間のリードタイムを与えるから善処されたい」

と言って〝ノン・ペーパー〟を渡された。これは正規の外交文書ではないが、正式の口上書と同様の効果を持つ、インテリジェンス・オフィサー仲間の重要文書である。

一読して事態の重要性が理解できた。

事件の捜査開始、関係省庁幹部の処罰から潜水艦探知のための音響測定艦の新造。関係大臣の謝罪、通産省担当官僚の処分まで幅広い要求を網羅したものすごい〝口上書〟だった。だから言わないことじゃない。みんな逃げるから、こんな最悪の事態になるのである。官僚どもの不作為が日米関係を危うくしたのだ。

この日は土曜日の昼すぎ、月曜朝まで四八時間を切っていた。急ぎ、後藤田さんの自宅に、家内の運転で急行し、お昼寝中の後藤田さんを起してもらった。

「佐々クン、ワシの歳で昼寝がいかに大事か分かっとるだろうな。にもかかわらず、休日の昼寝タイムに起こすとはどんな緊急事態だ？」といささか不機嫌顔だった。それでも私のまとめた報告書を手にするや、各種のラインマーカーをもう片方の手にもち、あちこち引いていく。やがて「分かった」ということで、私は後藤田邸を辞した。

そのあと後藤田さんが、さっそく中曽根首相に連絡をし、週末の段階で、田村元（はじめ）通産大臣をワインバーガー会見直後に派米し、謝罪することが決まった。

ところが、月曜日の朝、予算委員会に向かう衆議院のエレベーターの中で偶然、田村大臣に会ったが、まるで事態が分かっていない。

「なぜ国会中に通産大臣がアメリカに行って謝罪しなければならんのだ。オレはアメリカに『証拠を出せ』というつもりだ」と怪気炎を上げる。

これでは謝罪使節のはずがかえって事態を悪化させてしまう。予算委員会の真っ最中、田村大臣に「エレベーター内のお話について重要な話がありますので、トイレに行くと言って出てきてください」というメモを入れた。

出てきた田村氏に、かくかくしかじかと本当の話をすると顔色が変わり「中曽根総理に伝えなければ」と仰る。総理は昨日からご存じのはずですともいえず「私が大臣にやったことをなさればいい。トイレに出てきていただくんです」と助言した。

メモを入れ、出てきた総理にトイレで慌ただしく報告、連れションの形で重要な意思疎通を図ったのだった。これが「インテリジェンス」というものなのだ。

■やはり〝大山鳴動、鼠一匹〟

その後の顚末も記しておこう。東芝機械ココム違反事件はほとんど時効にかかったか、かかりそうになっていた。警察庁長官は着手に消極的だったが、後藤田官房長官は直接、鎌倉節警視総監に下命した。陸軍幼年学校出身の鎌倉総監は、彼らを「売国奴だ」と断じて、困難な捜査を引き受け、時効すれすれの二件をとらえて捜査を完遂、外国為替及び外国貿易管理法違反で立件した。

軽すぎるけれども、東芝機械は企業として罰金二〇〇万円、同社材料事業部鋳造部長に懲役十か月、執行猶予三年、工作機械事業部工作機械第一技術部専任次長に懲役一年、執行猶予三年の有罪判決となった。

東芝機械は、親会社・東芝と伊藤忠商事の強力な斡旋によって、ソ連への工作機械売り込みに成功していたのだから、当然、東芝と伊藤忠の社会的政治的責任が問われた。

しかし刑事責任の追及は届かず、東芝の佐波(さば)正一会長と渡里(わたり)杉一郎社長が道義上の責任を負って退職した。一方、伊藤忠商事は瀬島龍三相談役ひとりが責任を負って特別顧問になる形で終熄してしまった。

捜査によって、通産省の官僚たちもソ連側との会食に出たり、実験に立ち会ったり、日米安全保障体制と国益を揺るがす一大取引に関与していたことが明らかになったが、刑事処分はおろか行政処分の対象にもならなかった。「日本が国として関与したことにならないように」と顧慮されたのである。

やはり〝大山鳴動、鼠一匹〟、日本がスパイ天国と嘲笑されるのも無理はない。

ノン・ペーパーで要求されたソ連潜水艦の音紋資料には、海上自衛隊が相当苦労した。尖閣(せんかく)諸島海域で中国潜水艦の領海侵犯の警戒に当たっている音響観測艦「ひびき」は、当時、アメリカからの強い要求で建造された特殊な艦種で、東芝機械ココム違反事件の落とし子といえる。

■大物スリーパー・瀬島龍三

告発者・熊谷独の供述や警視庁の捜査の結果、不思議な人物が浮かび上がってきた。中曽根政権のブレーンであり、第二次臨時行政調査会（土光臨調）委員などを務めた伊藤忠商事特別顧問、瀬島龍三氏である。親会社・東芝の佐波会長にはダミー会社・和光交易をソ連側に売り込む人間関係や影響力があるわけがなく、伊藤忠が大きな役割を果たしていた。

この事件では、元大本営参謀にして「誓約引揚者」であった瀬島氏をどうするかという問題が起きた。私は後藤田長官に、

「黒幕は伊藤忠の瀬島龍三氏であり、何らかの政治的社会的制裁を加えてしかるべし」

と意見具申（ぐしん）した。ところが、いつもならこうした黒幕的存在に峻厳（しゅんげん）たる態度をとる後藤田さんにかえって叱られた。

「瀬島龍三氏のことになると佐々君はバカに厳しい。中曽根さんの経済問題の相談役なのに、なんで悪口ばかり言うのか」

東京裁判に出廷した時の瀬島

「私は警察庁の元外事課長ですよ。ＫＧＢ捜査の現場の係長もやったんです。瀬島がシベリア抑留中、最後までＫＧＢに屈しなかった大本営参謀というのは事実ではありません。彼はスリーパーとしてソ連に協力することを約束した『誓約引揚者』です」

私は警視庁外事課でソ連・欧州担当の課長代理や、警察庁の外事課長を務めていた当時のことを申し立てた。

すなわち、ラストボロフ事件の残党狩り、落ち穂拾いをやって、ソ連大使館のＫＧＢ容疑者を張り込み、尾行し、神社仏閣や公園などで不審接触した日本人や外国人を突き止める仕事を毎日毎晩やっていたころのことだ。

「作業の過程で、不審接触した日本人を尾行して突き止めたのが、当時は伊藤忠商事のヒラのサラリーマン、瀬島龍三氏です。外事の連中は当時から知っています」

後藤田さんは「そうか。瀬島龍三は誓約引揚者か」と独りごちたが、刑事捜査の面でも広報の面でも何の指示もなかった。ただしばらくして、

「鎌倉警視総監を呼んで、佐々君がこう言っているが本当かと聞いたら、『知らないほうがおかしいんで、みんな知ってますよ』と言っておった。君が言ってるのは本当だな」

と言われた。

「私の言うことの裏を取ったんですか」と言って苦笑したものである。

後藤田さんにしても、中曽根総理が信頼して顧問にしているような人物のことを「これ、いけませんぞ」と言うのは勇気がいる。

　東芝機械がココムに違反して不正輸出した工作機械によって、ソ連原潜のスクリュー音が静粛になった。アメリカ海軍に大きな脅威をもたらし、日本の安全保障を揺るがしかねない政治問題に発展したのだが、バレなければ、瀬島にとっては「スターリン勲章」ものの大仕事だったはずである。

　前述したように、我々警察としても、ラストボロフ関連の「残党狩り」をしていた時に、ＫＧＢの監視対象者を尾行していると、ある日、暗い場所で不審な接触をした日本人がいた。別の班がその日本人を尾行したところ、それが瀬島であり、伊藤忠の社員であったことを突き止めたのである。だが、当時はあまりにも「小物」と判断され、深く追及しての捜査対象者にはならなかった。なぜ、そういう結論になったのかは、当時の私としては知る由もなかったが……。

　ともあれ、そういう背景があったこともあり、私が内閣安全保障室長を辞めたとき、中曽根さんが会長を務める世界平和研究所の仕事を手伝ってほしいと、ご本人からも熱心に口説かれたことがあるが、お断りしたことがある。

　ブレーンとして瀬島龍三が常に中曽根さんの周りにつきまとっていたからだ。彼とは、さまざまな会議などで同席することも多かったが、なぜか、彼は必ず私に対しては目を逸(そ)らすのである。お世辞めいた手紙を寄こしたこともあった。この点に関して、残念ながら、中曽根さんも脇が甘いなと思わずにはいられなかった。これは池田勇人首相が、宏池会の事務局長に、ラストボロフ事件で名前の出た、フジカケこと田村敏雄を起用した事例にも似ているといえよう。

ただ、後藤田さんの名誉のために一言付け加えると、鎌倉警視総監に、佐々証言の裏を取ったあと、「佐々クン、山本（鎮彦）はなぜ、瀬島を見逃したのかな？　小物とはいえ、ワシだったら、捜査対象にして徹底的に取り調べをしたのになぁ」とおっしゃったものだ。

たしかに、なぜ、あの時瀬島を取り調べなかったのかは私にも謎であった。尤(もっと)も、中曽根ブレーンとなっていた当時の瀬島にはえも言われぬオーラがあって、全官庁が「瀬島を敵に回しても良いのか」という雰囲気があった。とくに通産省（当時）の某幹部などは、瀬島のお陰で出世してきた人だったということもあり、瀬島の「過去」に関しては見て見ぬフリをする感はいなめなかった。

第五章

ハニー・トラップの実際

■情報収集と分析のプロフェッショナル

日本で「諜報」とか「スパイ」などというと、敵地へ潜入して「情報」を盗み出す〝悪いやつ〟であり、破壊活動や暗殺などの非合法活動、ゲリラ活動に暗躍する〝汚い仕事〟だと思う人が多い。人を裏切ったり陥れたり、さらには殺したり、始終そんなことをしている怪しい連中だと思われがちだ。

だが、それでは猿飛佐助である。猿飛佐助なら名前があるだけまだいいほうだ。見下され、使い捨てにされる身分の低い忍者そのままのイメージで、現代の「インテリジェンス」を捉えていたのでは判断を誤ることになる。

先の戦争によって、その意味は歪められてしまった。「インテリジェンス」を口に出せば、「陸軍中野学校の復活？」などと冷たい目で見られた時代が続いた。そもそも「陸軍中野学校」が破壊活動や暗殺ばかりやっていたわけではない。ＣＩＡとて同様だ。

では、「インテリジェンス」とは何か。

定義にはいろいろ議論があるけれども、「安全保障に関する政策決定を目的として、現在あるいは将来において何が必要なのかを把握、課題を設定して企画を立案、情報を収集・分析・評価すること」と考えると間違いない。

もっと端的にいえば、「自分たちの国を守るための意志決定をするために、情報を集めて分析すること」となる。だからここでいう情報とは軍事情報に限らない。食糧や石油資源の動向、各国の政策、政治状況の安定度など幅広くキャッチする必要がある。収集した情報を分析・評価することで、なにがしかの準備行動を取る場合もあるだろうし、さらに何が必要なのかが明らかになることで、次の段階の情報収集・分析・評価へと進む場合もあるだろう。こうしたプロセスは「インテリジェンス・サイクル」と呼ばれて、経営学やビジネス関係の用語になっているから、ご存じの方もあると思う。

「インテリジェンス」の訳語としては「情報」「諜報」があてられるけれども、ぴったりと言い表しているわけではない。旧陸軍でも「諜報」とは情報の収集・分析・評価を指した。英和辞典でインテリジェンスを引いたとき最初に出てくる「知能」「知性」がなくては、務まらないのである。

「インテリジェンスとは紳士のホビーである」と、イギリス人は言う。

イギリス国外での諜報活動を担当するＭＩ６（秘密情報部）は、組織の長が誰なのかずっと秘密にしていたが、公表するようになってトップが「サー」であることがわかった。貴族の職務だったのだ。

　ノブレス・オブリージュ（高貴な身分に伴う義務）が根付いている国だから、爵位を持っているような身分の者は、一般人よりも高い義務が課せられており、戦争ともなれば率先して前線に立つ。平時においては、営利を目的に働くのではなく、官僚や軍人など公的な仕事に就いて、国家や社会のために働くのだ。諜報活動もそのひとつであり、地位や名誉のある彼らにとって、名誉な仕事とされてきたのである。

　ＭＩ６は、ケンブリッジやオックスフォードをはじめとする一流大学の卒業生が志望する、名実ともにエリートの集まる国家機関だと目されているのだ。

　現代のインテリジェンス活動に携わっているのは、見下されて使い捨てられる忍者ではない。意志決定のための情報収集と分析を行うプロフェッショナルたちなのである。

■弱いウサギは長い耳を持て

「インテリジェンス」とは「安全保障に関する意志決定に資するもの」である。したがって、それなくしては自国の安全保障政策を自分で決められない。

　だから独立主権国家には情報機関が必須なのである。国民の生命・財産・安全を守るため、日々の幸福が将来も続くためには、国家として危険をいちはやく察知しなくてはいけない。

弱いウサギは長い耳を持つ。そしていち早く危険を察知して、逃げ出す足をもっている。危機に打ち勝たなくてもよい。危機を避けることも重要な危機対処法のひとつなのだ。

これは何も、外国が侵略してきた場合のみを想定しているのではない。

二〇一五年（平成二十七年）一月、イスラム過激派組織による自称国家〝イスラム国〟で人質となっていた湯川遥菜（はるな）、後藤健二両氏が殺害され、ネットで映像が公開されるという凶悪な事件が起こった。日本国民の願いもむなしく、最悪の結果になってしまった。人質の救出に向けた日本政府の努力を多とするも無念である。

人質となった二人のご親族は、政府に対して最善の努力をしてほしいと懇請しつつ、政府や国民に対して感謝と、迷惑をかけていることのお詫びの言葉があったことに、私は深い感銘を受けた。およそ一〇年前、イラク人質事件のときに、被害者親族が最善の努力をしていた小泉純一郎首相を声高に罵（のの）ったことに比べるとまったく違った。

テロリストの理不尽な要求には決して屈してはならないという、世界共通の姿勢が浸透してきていることをうかがわせた。歳月は、日本国民・与野党、マスコミを成熟させたのである。

その二年前には「アルジェリア人質事件」が起きていた。

新年早々、イスラム武装勢力によってアルジェリアの天然ガス精製プラントが襲撃され、日本人駐在員らが人質となり、犯人たちはアルジェリア軍によって武力制圧されたが、その際、日本人スタッフ一七人のうち一〇人が犠牲になったのだ。

犠牲者の妻子、両親、数多くの友人知人たちの心情、人質とされ亡くなられた方々の辛さ、悔しさはいかばかりであるか、察するにあまりある。

どちらの事件でも、日本政府は人質の解放、救出に向けて最大限の努力をしたことは間違いない。外交ルートをはじめ現地の人間関係をたどり、犯人グループに影響力のある人物にわたりをつけ、解放交渉をする。そういった取り組みが精力的になされている。

必死でできることはやった。しかし力が及ばなかった、ということだった。

イスラム教であればシーア派なりスンニ派なりの宗教指導者で、事件を起こしているグループを説得できる立場の人物に短時間でたどりつけるかどうかがきわめて重要だ。ところが日本の省庁で、どこがこうした仕事ができるのかと言えば、実はどこにもないのである。外務省もそんなノウハウや人脈は持っていない。もちろん防衛省にもない。

これはインテリジェンス機関の仕事なのだ。

■秘密の保護に一歩前進

日本は、長年にわたってこの「インテリジェンス」が実に貧弱だった。

二〇一三年（平成二十五年）十二月、「国家安全保障会議（日本版ＮＳＣ）」が発足、さらに長年の懸案だった特定秘密保護法が成立した。安倍晋三政権になって、着実に整備が進んでいることは間違いない。

「日本版ＮＳＣ」は総理、官房長官、外務大臣、防衛大臣の「四大臣会合」を中核にして、安全保障に関する情報を集約するものだ。事務局として設置された国家安全保障局は、各省庁の情報を一元的に集約、分析も加え政策判断に必要な情報に仕上げて、「四大臣会合」に報告する。

それというのも各省の政策決定権、指揮命令権はすべて各国務大臣にあり、総理大臣にはない。日本の行政組織法はタテ割りになっているからだ。だが、国家の危機管理は中央集権でなくては不可能だ。「日本版ＮＳＣ」はこの体制を築くためのものだ。決定者が総理、官房長官、外務大臣、防衛大臣の四人という少数だから、即断、即決が可能になる。

併せて「特定秘密保護法」も成立した。

これまで日本では秘密の漏洩に対して、「最高一年の懲役（防衛秘密の漏洩は最高五年）又は最高五〇万円の罰金」でしかなかったものが、「一〇年以下の懲役及び一〇〇〇万円以下の罰金」となった。

一歩前進と言っていいだろう。これまでは、日本から秘密が漏れるため、海外の情報機関から満足に情報が入ってこなかったからだ。

私が警察庁や防衛庁にいたころ、ＣＩＡやＭＩ６を相手に「なぜくれない」と聞くと、「日本に話せば二〜三日すると新聞に出てしまう」としばしば言われた。役人や政治家がマスコミにしゃべってしまうのである。

というのも、これまで各省の政務官や、国会の委員会に出席した政治家、各種審議会に呼ばれた学識経験者に守秘義務はなかったのである。特定秘密保護法によって、治安、外交、防衛、危機管理に関与する委員会や審議会の出席者は、政治家をはじめすべて守秘義務が課されることになった。

今までは、とくに政治家がペラペラしゃべってしまうことが多かったのだが、秘密保護の効果が高まると期待できる。「公益上の必要により特定秘密の提供を受け、これを知得した者」が漏らしたときは「五年以下の懲役及び五〇〇万円以下の罰金」である。

経済、厚生労働、教育といった情報まで秘密にする必要はない。自由に報道される社会の方が、風通しが良くていい。しかし外交や防衛、警備に関する情報は、テロ組織などに漏れると危険な事態を招くことは誰でも想像がつくはずだ。

法案の成立までには賛否両論、激しく議論されたが、日本の国益、国民の安全という大局に立つと、社会の風通しが悪くなるような副作用が減るように最善の努力をしながら運用していくしかない。

■独立主権国家に情報機関は必須

日本版NSCと特定秘密保護法、そこまではできた。とはいえ、独立主権国家として要求される「インテリジェンス」の水準にはほど遠い。強力なインテリジェンス機関、情報機関をもたないからだ。

「インテリジェンス機関」「情報機関」というと「諜報機関を作って何をするつもりだ」「スパイを送り込むのか」「言論統制するつもりだろう」などと、アレルギー反応を起こす人もいるかもしれないが、それは違う。非合法な工作をしたり、言論統制をしたりするためではない。

唯一にして最大の目的は、国家の責務たる安全保障、国家危機管理である。

今や喫緊の課題となった国際テロの防止には、各国の情報機関と情報を共有することがきわめて重要になる。簡単かつ具体的に言えば「誰を、あるいはどこの機関、組織を押せば、問題解決へのトビラが開くか」を理解していることだ。そしてもちろん、実際に押せなくてはいけない。

これが情報の世界でいう「ヒューミント」（人的情報）である。

情報収集の方法は、

1．ヒューミント（ヒューマン・インテリジェンス）……人間が人間から収集する。

2．コミント（コミュニケーション・インテリジェンス）……通信傍受による収集。情報の世界の人間関係も含まれる。

3．エリント（エレクトロニック・インテリジェンス）……レーダー波など、非通信用の電波による収集。

と大別されてきたが、近年はコミント、エリントなど信号傍受による情報収集をシギント（シグナル・インテリジェンス）と総称するのが一般的になった。偵察衛星による監視も日常的に行われ、機器・設備、技術の進歩が著しい。「スノーデン事件」として大騒動になった、アメリカ政府による大規模なネットワーク上の情報収集は記憶に新しい。

テロリストのメールをネット上で見つけて、計画を未然に防いでいるという威力を発揮して、騒ぎにはなったけれども、大規模な反対運動にはならなかった。

■人材育成は一朝一夕にはできない

情報収集は、コンピュータで検索したり、解析して調べたりすれば何でもわかるというわけではない。やはり基本となるのはヒューミントであり、その重要性は比較にならない。緊急事態に対処するのは、何といっても人間の知恵と、相互の信頼関係である。外国の情報機関と個人的な付き合いがあれば、「公式には手に入らないはずの情報」が手に入るし、「入れないのが建前の場所」にも立ち入ることができるのだ。

そのためには各国の情報機関、すなわちCIA、MI6、あるいはモサドといった連中と日常的に付き合って、情報機関や治安機構の本部に入っていける要員が必須になる。口幅(くちはば)ったいけれども、かつてそれを引き受けてきたのが私だった。

これまで上梓(じょうし)してきた本で、成功も失敗も含むさまざまな体験、エピソードを記してきた。これには「そんなことできるはずがない」「話をふくらませている」「ホラだろう」などという声があることも承知している。

だが、「おい、ちょっと行ってくれ」という後藤田命令ひとつで、不可能とも思える任務をいくつも完遂できたのは、私がインテリジェンスの世界にいたからだ。情報官

（インテリジェンス・オフィサー）として、各国の情報機関の人間と付き合っていたからにほかならない。

第二章で触れたアメリカ研修をきっかけに、外事警察から国際インテリジェンス・オフィサーの道を歩んだ私だが、どうにか情報の世界で一目おかれるようになるまで、三〇年ほどかかっている。人材育成は一朝一夕にはできない。個人的なネットワークを築くまでには、長い時間がかかるのである。

■「内閣中央情報局」を創設せよ

情報の世界は「お互いさま」だ。これはギブ・アンド・テイクという意味でもあるし、それぞれの国がお互いに非公開情報の収集をしているという意味でもある。

外交交渉の場で、相手国の〝裏の事情〟を知っているのと知らないのとでは、折衝するさいの戦略も大きく違う。もちろん結果においては、明白だろう。

「スノーデン事件」の後、同盟国の情報もインターネット上で傍受していたことを追及されたオバマ大統領は「どの国の情報機関も非公開情報の収集は行っている」と、開き直りのような釈明をしていた。実際、イギリスやフランスの情報機関も似たようなことをやっている。

二〇一五年十一月十三日、フランスのパリ市街や近郊で、〝イスラム国〟の戦闘員グループによる銃撃と爆破事件が発生したことは記憶に新しい。五日後、犯人グループのアパート捜索の際、銃撃戦となり被疑者三名が死亡、八名が拘束されたが、これは犯人たちのメールから足が付いたとされる。

国際テロの横行する現代において、政府による非公開情報の収集は公然の秘密として、国民の安全に寄与している。

当然のことながら、非公開情報の収集をしているのは米・英・仏といった、「日本と同じ価値観を持つ国々」だけではない。軍事大国化して、周辺国を脅かしている中国がどうしているかは容易に推察できる。中国に対する防衛力増強の議論では、すぐ「軍事的緊張を高めるな」と紋切り型の批判が出る。

しかし「情報」という武器を持たない日本は、「軍事的衝突を避けるため」「緊張を緩和するため」といった交渉も含め、あらゆる場面で、丸腰で対峙(たいじ)しているのである。

日本にも情報機関がないわけではない。後述するように、内閣官房には内閣情報調査室があるし、外務省・防衛省・法務省・警察庁にもそれぞれあるが、インテリジェンス機能は低く、縦割り組織の弊害が看過できない。

私は以前から剣と盾を併せ持つインテリジェンス機関、「内閣中央情報局」の創設を提案してきた。

インテリジェンス機関なくして、独立主権国家たり得ない。詳しくは『インテリジェンスのない国家は亡びる―国家中央情報局を設置せよ！』（海竜社）をご一読いただきたいのだが、政府の情報収集・分析力強化を図るため、米中央情報局（ＣＩＡ）のような情報機関の設置が急務だと考えている。

平時から「裏」の世界と「表」の世界の境界線に関する知識や人脈がないと、二〇二〇年の東京オリンピックも控え、増加が予想される国際テロをはじめ、国家レベルの事件、事案に手も足も出ないことになる。

国際的な緊急事態に備えて情報を収集、分析し、事件勃発となれば十分に目や耳の役割を果たすだけでなく、交渉や抗議ができる口や手足を備えた組織は、日本にもあってしかるべきである。存在しないのが不自然な話なのだ。

■内閣官房調査室と初代室長・村井順

一九五二年（昭和二十七年）四月二十八日に発効したサンフランシスコ平和条約によって、日本は主権を回復した。

吉田茂首相は、ひそかに情報機関の創設に動いている。首相の軍事顧問となった辰巳栄一元中将とともに、英国をモデルにして弱い軍事力を補う強力な情報力を持とうという計画だった。まさに「弱いウサギは長い耳を持つ」という方針である。

四月九日、内閣総理大臣官房調査室（現・内閣情報調査室）が発足、初代室長に就いたのは総理秘書官だった村井順氏である。村井氏は旧内務省出身で、戦後に総理秘書官を経て、創設された国家地方警察本部（現・警察庁）の初代警備課長になっていた（退官後、今や警備会社の大手である綜合警備保障株式会社、「ＡＬＳＯＫ（アルソック）」を創業する）。

「世界の独立国はいずれもりっぱな情報機関を持っている。日本も独立できたときは、ぜひとも強力な情報機関をつくるべきだ」というのが村井氏の持論であり、その進言が取り上げられて、責任者に抜擢されたのである。

創設に際しては、悪戦苦闘の連続だったようだ。定員をとっていないために部下はゼロ、予算も決まっていなかったので活動費もゼロ、さらに事務室もなかったという話が、村井氏の共著『打たれても出る杭になれ』（ＰＨＰ研究所）に出てくる。私が内閣安全保障室の初代室長になった時も、そんな状況だった。

それでも吉田首相の肝いりであることと閣議決定されていたことを頼りに八方手を尽くし、外務、法務、警察などから出向した人材と、官房長官が回してくれた予備費、官邸内の事務室の提供を受けてスタートするのである。

議会関係の了解も、案外スムーズに得られたようだ。政府与党の自由党は、吉田総裁

の大方針だから問題なかったし、野党も社会党右派の浅沼稲次郎氏、左派の原彪氏が
すんなりと賛成、改進党も中曽根康弘氏が支持している。当時、共産党は最高幹部が追放処分を受けて地下に潜行中で、議席もほとんどなく、問題にならなかったという。

創設半年後、内閣改造によって副総理兼官房長官に緒方竹虎氏が就任している。緒方氏は第一章でも名前を挙げたように、戦時中は朝日新聞社の最高幹部だ。情報局総裁にも就いた言論界の大物だったから、通信社を活用する独自の構想を持ちながらも、村井氏の企図する内閣官房調査室の充実に尽力したのだ。

村井氏は辰巳元中将の助言も得て、文書収集、通信傍受、工作員活動の三本柱からなるＣＩＡ型の情報機関へと育てようとしていた。吉田氏と緒方氏という二大政治家のバックアップがあり、議会も協力的であった。

しかし、日本の情報機関の歩みは順調には進まなかった。

その背景には内務省出身の村井室長と外務省の対立があった。外務省は、官房調査室が国内情報だけを扱うよう申し入れている。

外務省の思惑に加えて、緒方竹虎氏とライバル関係にあった池田勇人氏ら官僚派の政治家との暗闘もあったと言われる。要するに内輪もめだった。

内閣官房調査室が発足した一年後、基礎を固めた村井氏は欧米の情報機関を視察に出る。ところがこの渡航中、日本では村井氏が空港で闇ドルを摘発されたというデマが飛

び交い、それがきっかけになって村井氏は室長を追われるのである。

■海外情報の外務省一元化という問題

またすべての海外情報は外務省にのみ入れる、外務大臣を通じて総理に上げ、必要なところに下ろすという「海外情報の外務省一元化」が進められ、官房調査室は有名無実になっていく。これを進めたのが、ほかならぬ吉田総理だったことも問題を複雑にした。というのも外交官出身で親英米派の吉田氏は、戦前に駐英大使を務めている。同じころ、陸軍は大島浩中将を駐ドイツ大使に送り込んで、ナチスと連携を深めていく。大島大使は、外務省も外務大臣も無視して陸軍に情報を入れ、それを元にしたイタリア大使、白鳥敏夫の動きによって日本は三国同盟締結に進んでいったのだ。

その過程をつぶさに見ていた吉田氏は、情報が外務省を素通りして流れることに大きな不快感を持っていた。だから海外の情報は一切を外務大臣に集中させる、そこから総理に上げるという原則を打ち出したのである。

外務省に情報を一元化したことによる最大の問題は、必要とする省庁に必要な情報が伝わるとは限らないという、弊害が出てくることだ。各省庁からの在外公館出向者は、自分の出身官庁に情報を直接入れることは許されない。

たとえば警察や自衛隊から出向して、在外公館の警備対策官や防衛駐在官に就く場合、出向者はまず外務省研修所に入る。このとき「出身官庁に直接情報を入れた場合は即刻帰国を命ずる」という掟を守ることを約束させられるのだ。違反したことがバレると処罰もされる。

そのため重要な情報として送ったのに、外務省で「重要性なし」と判断されて破棄されたり、ファイルされたまま眠ることになったりといった事態が起こる。

もはや時効だから明かすのだが、私が香港領事だったときは抜け道を作っていた。「アジア局の中国課でお蔵入りになってしまいそうだが、どうしても警察庁に知らせたい」という情報なら、コピーを取って、警察庁の出張者が立ち寄った際に「これは警備局長へ」「こちらは刑事局長へ」と渡していたのである。もちろん、出所が外務省に属する在外公館だとわかる部分は削っておく。

われわれは訓令違反をしていたわけだが、そうせざるを得なかったのである。

■内務省の解体、排除された〝国家警察〟

吉田総理も世界を相手にできる情報組織を作ろうとしていた。そのこと自体は、卓見だったのだが、戦前、内務省や軍部と対立し嫌っていた総理だけに、内務省的な組織には難色を示し、古巣の外務省を必要以上に重用したのであった。

内務省的な組織といえば、やはり警察ということになるのだろう。そのあたりのことは第三章でも触れ、ややくり返しになるが、戦後の警察組織の大きな流れを今一度説明しておきたい。

敗戦によって内務省が解体され、警察部門を所管した警保局は潰されて、国家地方警察本部（現・警察庁）が設置された。

GHQは、戦前の日本が軍国主義へと傾いたのは、内務大臣が権限を持っていて特高などの思想警察がはびこったためだと考え、中央集権的な組織の排除にかかる。マッカーサーは政治的独立性や中立性にやかましく、教育委員会だの、農業委員会だのといったさまざまな独立委員会に行政を委ねたのだった。

人事権が集中する中央集権体制はよくない、人事には独立性が必要だということから人事院が置かれた。あらたに設置された国家地方警察本部も、警察経験のないそのほかの社会のリーダーたち――医者・学者・評論家といった人々で構成される国家公安委員会が、国家地方警察本部を指揮監督することになった。

戦前、天皇大権を輔弼する内務大臣・内務省に置かれた警保局は、国家を維持する警察、〝国家警察〟だったが、戦後の民主主義のもとでは、市民社会を維持する警察、アメリカ式の地方分権に基づく〝市民警察〟へと大きく変わった。

警保局保安課にあった特別高等警察（特高）はスパイ取り締まりの中軸であり、同図書課は印刷物の検閲をする思想警察だったから、民主主義のもとでは許されない。

警察の内部も、治安維持を目的とする特高や外事部門が中心だったのが、戦後は「警察の本質は犯罪の捜査である」ということになった。犯罪とは刑事犯罪であって、政治犯罪ではない、民主主義国に政治犯罪は存在しないというわけだ。

戦後、発足した警察は、かつて「ドロ警」と呼ばれた泥棒を捕まえる部門、刑事局が中心になったのである。治安を担当する部門は規模縮小して警備局となって名残をとどめることになり、人材の配分も刑事局が圧倒していた。

ことに占領下では、それが顕著だった。GHQは徹底して「ドロ警」中心の市民警察を作ろうとしたのだ。講和後、再び独立国となって、ようやく警備・公安が息を吹き返すのである。

■警備・公安を育てた先人たち

私が警察を志望したのは、終戦直後の世情も荒(すさ)んだ大混乱期を経て、革命前夜のような不穏な時代を思春期、青年期に体験し、良好な治安こそ最大の福祉と確信したからだ。

また、東大で暴力革命を肯定する全学連に対抗するため、有志を集めて「土曜会」を組織し、吉田茂氏や芦田均氏といった有力政治家の指導を仰いで、運動を展開していた私は、内務省的な治安維持、国家維持を志向する危険な上級職だと、人事担当者の目に映っていたのは明らかだった。

実際、当時の警察内部では警備・公安グループに対する風当たりは、たいへん厳しかった。村井順氏にも目をかけてもらった私は、いわばそのころの主流からはみだすような形で外事警察、すなわち警備・公安グループへと進んだのだった。しかも警備局で、外事課長に大阪府警、警視庁、警察庁と三回就いている。

警察の主流は捜査二課を中心とする刑事局ではあったが、暴力革命や破壊活動、反体制運動の信奉者らによる活動が活発化するとともに社会不安も増大していく。これに対抗するため、警備局も少しずつ成長していった。

もっとも戦前のような国防保安法、治安維持法は存在しないから、法律的にはずっと弱く、強権的な手段をとらない警備局へと育ったのである。

第一次安保闘争のさなか、一九六〇年（昭和三十五年）に警備局長に就いた三輪良雄氏は、警備・公安グループのリーダー的存在。当時、警察庁長官として治安責任者となった柏村（かしわむら）信雄氏は、警視総監となった小倉謙氏とのコンビで当時の激しい大衆左翼運動を乗り切っている。柏村氏は警備・公安にかなり好意的で、刑事とのバランスを保とうと努力していた。小倉氏の後をうけて警視総監となった原文兵衛氏も公平な人物で、警備・公安も重要視していた。

そして高橋幹夫氏、土田國保氏、川島広守氏、山本鎮彦氏といった、私が〝動乱の七〇年代〟に上司として仕えた人たちが、警備・公安・外事といった警備局で辣腕をふるったのである。いずれも内務省出身の警備・公安グループ、〝天下国家〟を志向する人々だった。

■問われるのはインテリジェンスの総合力

情報組織の話に戻そう。官房調査室は一九五七年（昭和三十二年）に内閣調査室になっている。

しかし、創設時に構想されたような情報機関としての力は持てなかった。先述したような内輪もめ、縄張り争いが起こったことに加えて、「世界中を飛びまわっている電波をキャッチして、重要なものを翻訳して政府とマスコミに提供する」という緒方氏の構想が一人歩きして、言論統制に通じるとして、新聞が猛烈な反対運動を展開、世論が反対に回ったことが大きい。

現在の内閣情報調査室（内調）になるのは、ようやく一九八六年（昭和六十一年）、中曽根康弘内閣のときだ。官房長官はインテリジェンスを深く理解していた後藤田正晴氏だった。面白いことに後藤田さんは反特高・反軍部なのだ。だが、強力な情報機関を置くことの必要性、重要性をよくご存じだった。

残念ながら内閣情報調査室は、情報機関としてとても国際水準とは言えない。目も耳も、手足も持たないからである。

実際、国際的なインテリジェンス・コミュニティにおいて内閣情報調査室の存在意義はほとんどない。諸外国の情報機関に相手にしてもらえないのである。海外情報は完全にアメリカ依存なのだが、ＣＩＡの要らない情報をもらっているのが現状なのだ。国際インテリジェンス・コミュニティのメンバーとして、認めてもらえるのは警察庁警備局公安課や外事課といった部署である。

加えて、情報を総合化する仕組みが不十分という問題がある。

情報を扱う政府機関には、ほかにも外務省国際情報統括官組織、防衛省情報本部、公安調査庁、海上保安庁警備救難部がある。また、防衛省情報本部の下には自衛隊の専門部隊がある。陸上自衛隊は情報科が独立して中央情報隊を持っている。また海上自衛隊には情報業務群が、航空自衛隊には作戦情報隊がある。

しかし外交、防衛、安全保障、国家の危機管理という重大局面では、インテリジェンスの総合力が不可欠になる。つまり、通信傍受や衛星監視など「シギント」で収集・分析した情報と、人的要素の情報である「ヒューミント」を総合した力である。

わが国の場合、まずヒューミントが決定的に弱い。シギントについても十分とは言えないが、総合する力は皆無に近い。中央情報局を設置して強化すべきポイントがそこにある。

■国王の愛人と〝ねんごろ〟になった外交官

「諜報戦」の英雄、明石元二郎(もとじろう)大佐の伝統は絶え、ヒューミントなどすっかり弱体化した日本だが、ときには突出した人物も出てくる。

私が香港領事を務めていたころ、カンボジアからいつも驚くような報告を送ってくる外交官がいた。

当時のカンボジアは、ノロドム・シハヌーク国王が統治していたが、ベトナム戦争の北爆をきっかけにアメリカと断交、国内の反王政グループは親米政権をつくろうと画策するなど不安定な状態だった。

ときは東西冷戦の最中である。シハヌーク国王は中立政策をとってどちらの陣営からも援助を引き出している。中立政策といえば聞こえはいいが、状況に応じて姿勢も敵味方も変える、実に節操のないずるい人物であった。後に自国民を大虐殺するポル・ポトを弾圧していたかと思えば、手を組んだりもするのである。

そんなシハヌーク国王の極秘情報が、まだ若い日本の外交官によって送られてきた。それも健康状態、朝食で食べたもの、日々の言動といったきわめてプライベートな内容が、つぎつぎと電報で入ってくる。これが実に面白かった。些細なことのようだが、心理状態を分析するときなど第一級の情報になる。

「この三等書記官はいったいどうやって人物の機微に触れる情報を取っているのだろう」と思ったら、なんとシハヌーク国王の何番目かの愛人と〝ねんごろ〟になって、聞き出していた。ベッドを共にして、ピロートーク（寝物語）で情報を取っていたのである。

これには本当にびっくりした。彼は女性が口説けるくらいフランス語が堪能、しかも男前。重要な情報を取るために、〝特技〟を生かして国王の私生活に深く食い込んだのである。バレれば適当な罪状で重罪にされたり、非合法な手段で殺されてしまうかもしれない。なんとも八方破れな外交官だった。

外交や情報の世界では、こういう手法も許容される。もちろん外務省が「ベッドを共にして情報を取ってこい」などと命じるわけにはいかないし、どこの国でも公然と認めることはしない。だが、咎め立てもされない。

家庭不和に陥らない範囲、個人の裁量と才覚の範囲で、外交術のひとつとして行うことは許容されるのである。


当時、二十代で独身の三等書記官だったこの外交官が、後年、中南米局長となり、在ペルー日本大使公邸人質事件の際、特命を受けて現地指揮にあたった、当のその人物である。彼の腹の据わりよう、優れた情報感覚などをよく知る私が、橋本龍太郎総理に推薦したのだった。

彼のように傑出した人物も、少数ながらいる。だが、やはり本当の情報活動を行う精鋭部隊が、外務省には欠けている。

ただ、それ以前に、外務省には外交官が少なすぎる。〝一等国〟でありながら、日本ほど外交官が少ない国はない。現状、他の省庁からの出向者で、なんとか切り盛りしている。要するに、人を借りてなんとかやっている状態だが、正規の外務省の役人を、もう少し増員してもいいと思う。

外交儀礼でパーティーばかりやっている役人を増やすのではない。本当の情報活動ができる人材、精鋭たちを揃える必要がある。

先の二十代で独身の三等書記官もその後出世はしたものの、フランスなどの先進主要国の大使にはなれなかった。その周辺国の大使どまりだった。しかし、日米開戦の時、送別会などを優先し、そのために開戦通告（最後通牒）を定められた時刻にアメリカ側に手渡すことができず、「だまし討ち」を日本がしたとの汚名を着せられる原因となった在米大使館の外交官（井口貞夫参事官&奥村勝蔵一等書記官）は、その責任をきちんと追及されることもなく、戦後、外務次官に出世している。このあたりの信賞必罰に関して、外務省は〝悪しき伝統〟を断てたのだろうか。

■ハニー・トラップを警戒せよ

もっとも、男女関係を利用して情報を得るのは、かなりの才覚が必要だ。

それよりも、ずっと実践的で重要なのが「ハニー・トラップに引っかからない」ことである。これは役人に限らず、ビジネスマンでも海外に行くとき、厳に注意しなくてはならない。

ハニー・トラップとは、ご存じの通り女性スパイ、あるいはスパイによって用意された女性が、対象となる男性を誘惑、性的関係を盾に機密情報を求められたり、懐柔されたりするものだ。スパイ映画やスパイ小説でよく知られているのだが、これに引っかかる男性は後をたたない。

私が外務省研修所で駐在官として赴任する役人たちを相手に講義したときのことは、第二章でも触れた。

「美女が近づいてきても、舞い上がってはいけない」

と、接近してくる女性への警戒を呼びかけた。女性のあしらいに慣れている役人などまずいない。先述の外交官などは例外で、東大をはじめ一流大学で勉強中心、真面目にやってきた連中は、そうそう女性にモテるものではない。

そういう冷静な自己分析こそ大切なのだが、海外で美女が近づいてくると、「日本の女は見る目がない。やっぱりオレは男としての魅力があるのだ」と、都合よく解釈してしまう。中には威張り出す男もいるのである。

だから「外国に行ったからといって急にモテるわけがない。寄ってくる女はハニー・トラップだ」と、あらかじめ彼女たちの正体を予想しておくことが重要になる。自制心をもって、自分の言動のセルフコントロール、表情のコントロールができることが情報官の基本的な要素だ。

ところが、その後、外務省研修所でハニー・トラップへの注意喚起をしたり、対策を指導しているという話は寡聞にして知らない。

省庁の研修で下半身の話題など下品だからすべきでない、個人の問題だから研修には必要ないというのだから大きな間違いだ。肩書きが偉くなればなるほど、ハニー・トラップで国益を損なう危険も増すのである。

あるときを境に主張や態度が激変してハニー・トラップに引っかかったと噂されるケースは少なくない。

代表例は、拉致議連（現・北朝鮮に拉致された日本人を早期に救出するために行動する議員連盟）の設立メンバーの一人でもあったタカ派の某政治家だ。

当初は、「拉致問題が解決するまで北朝鮮に対して食糧支援を行わない」と発言するなど、強硬な姿勢をアピールしていたが、一九九七年（平成九年）、拉致議連のメンバーとして北朝鮮・平壌を訪問、帰国すると態度が一変した。「拉致は実態のないもの」などと言いだして、主張が一八〇度変わってしまったのである。

北朝鮮の女性接待員とベッドにいるところを、マジックミラー越しに撮影され、脅迫されたためではないかと噂されたが、本人はかたくなに口を閉ざしていた。

こうしたことは北朝鮮に限らない。ロシアでも中国でも、一般的な常識としてホテルの部屋にある鏡はまずマジックミラーだと考えた方がよい。最近は超小型のカメラがいくらでもあるから、鏡以外でも仕掛けることは容易だし、盗聴器の可能性もある。

したがって、ホテルでの鉄則は女性を部屋に入れないこと、部屋は監視されているものと考えて、後々、羞恥心に付け込まれるようなことは厳に慎むことだ。

■橋本元首相と中国女スパイの真相は？

そういえば、橋本龍太郎首相への中国人女性による「ハニー・トラップ事件」も起こった。

『諸君！』（一九九八年六月号）に載った加藤昭氏の「橋本首相『中国人女性』とODA26億円の闇」という論文がそのあたりの事情に詳しい。

リードには、〈「ハシモトはまだ認めないのか。彼は『不明智（愚か者）』だ！」――かつて野坂参三の正体を暴いた筆者が首相の「中国疑惑」に挑戦。数々の重要証言が炙り出した〝深いクレバスに陥ちた〟愚相の顛末〉と書かれてもいた。橋本さんはハンサムな好男子だから、女性にはもてるタイプだっただろうが……。

瀬島龍三氏に甘かった中曽根さんと違って、橋本さんは「脇」ではなく「腰」が少し甘かったのかもしれない？

そのあと、上海の日本総領事館の電信官が中国の「美人局」で陥れられ、国を売ることもできずに自殺した事件もあった。外務省はそういう事実を隠蔽していたが、「週刊文春」（二〇〇六年一月五日&十二日号）が「激震スクープ 中国情報機関の脅迫に『国を売ることはできない』と首を吊った上海総領事館領事 小泉首相、麻生外相も知らない『国家機密漏洩事件』」と報じたものだった。

これらの構図は、イギリス陸軍大臣のプロヒューモが、ソ連の英国駐在の海軍武官ユージン・イワノフとも通じていた高級娼婦（クリスティーン・キーラー）と関係し、国家の軍事機密を漏らしたのではないかとの疑惑で辞職した件を想起させる。このプロヒューモと娼婦との事件を扱った史実は映画『スキャンダル』（一九八九年）として上映もされた。映画の原作は、キーラー自身が、自叙伝『スキャンダル』を書いており、それは角川文庫から訳出されている。研究書としては、ウェイランド・ヤングの『プロヒューモ事件 保守党政治の断面』（筑摩書房）がある。

とにもかくにも、政治家諸兄や外交官はくれぐれも、スパイ（とりわけ美女スパイ？）にはご注意を。

■女性関係は致命的な弱みになる

日本の外務省とて、「ハニー・トラップ」めいたことをやっていた。例えば、ジャーナリストで元ニューヨーク・タイムズ東京支局長のヘンリー・S・ストークス氏は、一九六四年（昭和三十九年）、日本に着任した最初の夜、外務省から女性の接待を持ちかけられたことを手記（『英国人記者が見た連合国戦勝史観の虚妄』祥伝社新書）の中で明かしている。

「銀座のバーに連れていかれ、まるで食事を振る舞うように、女性を連れて帰るように勧められた」という。ホテル・オークラに一人で宿泊していると、部屋に女性がいたこともあったようだ。「アレンジをしたのは、外務省の報道課長だった」とも記されている。

ただこれは、懐柔したり監視したりするためだったのか、ただ「慣習」としての接待だったのかまではわからない。

ストークス氏は、「しかし、こうした『慣習』は、東京オリンピック後、なくなった。商談をする部屋に、無料のタバコが置かれる『慣習』がなくなったのと、同じことだ」と述べているから、純然たる接待だった可能性は高い。

〝弱みを握る〟などの目的をもって女性をあてがうならともかく、単なるサービスというのなら、時代背景を差し置いても邪道である。

われわれが費用を持って接待したわけではないが、〝弱み〟を進んで握らせてくれた人々もいた。

私が香港領事だったとき、実に多くの国会議員がやってきて、与野党問わず、彼らはごくわずかの例外を除いて、女性を所望した。自分が宿泊しているミラマーホテルなどに連れ込むのは、香港警察の取り締まりが厳しくて難しい。だから、売春専用のホテルに案内して、女性と値段の交渉もするというのが領事の夜の仕事だった。三年半の任期を終えて帰国したとき、私の手元には数百枚の名刺があり、そこには社会党の議員たちも数多く含まれていたのである。

彼らのところに「帰ってきました」と挨拶に行くと、そろってイヤな顔をしていたものである。さらに後年のこと、私が防衛庁審議官になり政府委員として答弁に立つようになった。困った質問をする議員には、「先生、香港は楽しかったですね。この質問、やめてくださいよ」と言うと、大概やめてくれる。もう明かしてもいいころだろう。この手で何回かつぶしたことがある。

私は、相手の記憶を呼び起こして、質問をやめさせる程度の〝意地悪〟しかしていないけれども、各国の情報機関はテープや写真も動員して追い詰める。女性問題の弱みを握られるのは、非常に危険なことなのだ。

ところが、『新潮45』(二〇一六年三月号)に、「現役情報担当官が告発　防衛省内部にスパイがいる」という論文が載った(取材・構成は時任兼作氏)。防衛大学校内部に「完全に中国のスパイと目される女子学生が学外に工作拠点を設け、ハニートラップの手法で教官らを工作している。これに引っかかった者は結構な数おり、学生の間でも問題視する声が上がっているが、学校側は放置している」と報じられていた。ある公安関係者によれば、「彼女は自衛官をはじめとした公務員を工作するため、選抜されて送り込まれた人間」だとの指摘がなされている。

さらに、定年退職後も再任用されていた防衛省勤務の六〇代の女性事務官から、情報機密が中国に漏れた疑惑が発生。調べると、彼女はよく立ち寄るスーパーでアルバイトをしていた年若き中国人留学生に出会って、交際が始まったという。論文では「交際経緯からすると、明らかに入念に計画されたハニートラップだ。女性の行動確認を行い、ルーティーンを確認し、そのうえでスーパーに年若き留学生を配して接触の機会をうかがったのである」としている。

これらの事件は、すでに週刊誌などで報じられていたが、私のカンからしても、これらの指摘は正鵠（せいこく）を射たものと思われる。首相から政府高官や自衛官や一般公務員まで、全くもって認識が甘いというしかない。

■ハニー・トラップにかかったときの対処法

万が一、ハニー・トラップにかかってしまったらどうするか。

私が外事課長のときによく言っていたのは、「正直に全部話してください」ということだ。どんな手口で接近され、どう引っかかって、何を要求されているのかをわれわれがつかんだら、それを逆手にとって、相手方に偽情報を流したり、スパイ網を炙り出したりすることも可能になる。

先述したように、二〇〇四年（平成十六年）五月、上海の日本総領事館勤務の男性が、女性問題を理由に中国公安当局から情報提供を強要されて自殺する事件が起きている。私もあまり詳細は知らないのだが、ハニー・トラップにかかった場合の対処法などの研修を受けてこなかったのだろう。なにも自殺まですることはなかったのに、と残念に思う。

諜報活動、とくにヒューミントは、人間の機微に通じていることが絶対の要件である。現場要員にも上司にも、さまざまな経験を積んで精神的に成長していることが求められる。一方、あまり杓子定規で道徳的に真面目なタイプにはつらい仕事である。「国益のためにはこんなことも許容される」というバランスのいい考え方ができる人でなくては務まらない。

ことに上司には「清濁併せ呑む度量」が必須。〝敵〟を出し抜くためには、状況を判断しながら臨機応変に指示を出せる能力も必要だ。

その上で、百戦錬磨でなくてはいけない。そうでないと、機微に通じた部下たちは気持ちが緩んで勝手なことを始めてしまう。これでは不祥事の源泉となる。

情報要員を各省庁にバラバラに置かず、「中央情報局」のような組織で集中管理する必要があるのはそのためでもある。百戦錬磨の〝スパイ・マスター〟たる練達の士が、部下たちの裁量を認めながら、しっかりと締めるのである。

■中央情報局の創設

私は香港領事のとき、アメリカＣＩＡ、イギリスＭＩ６、香港警察スペシャル・ブランチ、ドイツはゲーレン機関（現ＢＮＤ・連邦情報局）ほか七、八か国の情報官とつきあうようになった。そこで知り合った各国の情報官と、人間関係を築いていったのだ（『香港領事佐々淳行』に詳述しているので、ご一読いただけると幸いである）。

帰国後、警視庁公安部外事第一課長に就くと、警察庁の川島広守外事課長から極秘でＭＩ６と連絡を取るように命じられるなど、国際的な情報コミュニティとの付き合いはずっと続いていた。

日本では情報機関と接点があること自体、何か後ろ暗いことのように思われてきた。「警察とＣＩＡとの関係は？」と聞かれれば、「ありません」と答えるだろう。イスラエルのモサドとの接点などあろうはずもない、という態度である。

もちろん関係を必要以上に明かす必要はないが、事実として疎遠である。つきあう情報機関が日本に存在しないからだ。

三〇年以上かけて個人的な人間関係を築いていったかつての私のような人間も、今の二、三年で異動していく人事制度では出てこない。

しかし、情報官や情報機関が貧弱で、なきに等しいという現状がこのまま続いていいはずがない。独立主権国家として大きな欠陥をかかえていることにほかならないのだから。

中国の軍事的野心、北朝鮮の核兵器、出口の見えない中東の不安定化など、今世紀の世界はますます混迷を深めていくことだろう。

二〇二〇年の東京オリンピックを控えて、テロに不安を抱いている人も多いだろう。人々を恐怖に陥れることで自分たちの意志を強要しようとするテロリズムは、卑怯者の戦略だ。むざむざと許すことなど、断じてあってはならない。

国際テロ事件の防止から外交戦略の立案まで、インテリジェンスあってこそ準備なり実施なりできる。幸いなことに、安倍晋三政権はインテリジェンスを重視している。本章の冒頭でも述べたように「日本版ＮＳＣ」が発足、特定秘密保護法もできた。

日本が独立主権国家として、孫の代、さらにその先もずっと、誇りを持ち繁栄していくにはしっかりした情報機関、楯と鉾を持つ中央情報局の創設が必要だ。

これを後押しするのは、やはり国民の声である。本書での問題提起が、タブーの扉を開く一助になることを心から願っている。

第六章

私を通りすぎた「スパイ本」たち

■「スパイの世界史」を学ぶために

ここまでにも触れてきたように、国家のインテリジェンス（諜報）で重要な領域といえば、①「情報の収集・分析」②「防諜」③「宣伝（プロパガンダ）」④「秘密工作」である。

日本が、いずれの点でも不十分であるということは、今までの章で力説した通りだ。本章では「私を通りすぎた『スパイ本』たち」ということで、日本語で読める「スパイ本」を通じて、インテリジェンス問題を解説していきたい。

ここで紹介する本以外にも、スパイ、インテリジェンスに関する本は山ほどあるだろうが、読者のインテリジェンスへの関心がより深まることになれば幸いである（尚、以下のさまざまな文献に関しては、訳者名や訳出刊行年などは原則として省略する。また品切れ絶版になっている本も少なくない）。

まずは、私の訳書であるが、一九六三年（昭和三十八年）に、ラディスラス・ファラゴーの**『読後焼却　続智慧の戦い』**という本を日刊労働通信社から刊行した。後に朝日ソノラマ文庫にも入った。

このファラゴーという人は、一九〇六年にハンガリーで生まれ、第二次大戦中はアメリカ海軍で情報部特別戦争班の企画調査主任として活躍した生粋(きっすい)の情報マンである。本書の中でも記しているが、対日謀略戦に参加したこともある。この本の前に**『智慧の戦い』**(日刊労働通信社)という本も書いている。彼の本は、ほかにも**『ザ・スパイ　第二次大戦下の米英対日独諜報戦　上下』**(サンケイ新聞社出版局)や**『盗まれた暗号　前篇・後篇』**(原書房)が訳出されている。

ところで、この日刊労働通信社という出版社は、スパイ関連の本をよく出していた。例えば、以下のような感じだ。ちなみに、日刊労働通信社というのは、いまも言論活動を展開していると思うが、戦前の旧総同盟系の活動家であった徳永正報氏が興した出版社だったと記憶している。反共リベラルの本を出していて、スパイ関連の本や文書の翻訳をよく頼まれた。家計の一助となったものだった。

陳寒波**『上海地獄　私はどんな風に毛沢東の特務活動をしたか』**

米国下院非米活動調査委員会**『基幹産業への拠点工作　アメリカ共産党の地下活動　米**

国下院非米活動調査委員会報告』
マックス・イーストマン『自由を侵害する社会主義　偽妄の一世紀についての省察』
C・H・デファアースト『ソ連の弱点　覗かれた鉄のカーテン』
ヘード・マッシング『女スパイの道』
ラディスラス・ファラゴー『智慧の戦い　諜報・情報活動の解剖』
E・H・クークリッジ『ソ連スパイ網の解剖』
マックス・M・キャムペルマン『共産党の対労組工作』
エリス・M・ザカリアス『日本との秘密戦』（後に朝日ソノラマ文庫に）
ジェームス・バーンハム『赤いくもの巣　アメリカ政府をむしばんだスパイ工作の記録』
P・デリアビン&F・ギブニー『秘密の世界　あるソ連国家保安将校の回想』
J・B・ハットン『スパイ　ソビエト秘密警察学校』
アーサー・ティージェン『ソ連スパイ網』
イギリスVassall査問裁判所編『スパイバッサル　英国査問裁判所の報告書』
日刊労働通信社編『中共の対日工作「中間地帯」論と日本』
アレクセイ・ミヤコフ『KGBの内幕』
警察庁警備局編『スパイの実態　スパイ事件簿』

内外政治研究所編『**スパイの世界**』

どちらかというと、ノンフィクションとしてのスパイものが多い。いまや古本屋か図書館でしか読めないだろうが、スパイ問題に関心のある人なら、手にする価値があろう。

諜報・インテリジェンスに関しての啓蒙的な研究書としては、国務省やCIAでインテリジェンスの仕事を担った体験もあるマーク・ローエンタールの『**インテリジェンス　機密から政策へ**』（慶應義塾大学出版会）が最近のものとしてある。

また、軍事史家のテリー・クラウディの『**スパイの歴史**』（東洋書林）は、古代から今日までのスパイの権謀術数の世界が描かれている。

過去には、ドイツの歴史学者で、フランス駐留軍総司令部の将校でもあったゲルト・ブッフハイトの『**諜報　情報機関の使命**』（三修社）や、英国国防省情報学校の教官であったジョック・ハスウェルの『**陰謀と諜報の世界　歴史にみるスパイの人間像**』（白揚社）などがある。

ハスウェルによると、「現在まで記録に残っている最も古いスパイの報告書は、紀元前二千年頃に一枚の瓦板に焼き込まれたものである」という。

「(その)発見場所は、ユーフラテス河畔のマリ。そこの〝領主〟に宛てて、バンナムという砂漠パトロールの隊長が送り届けたものだ。

瓦板には、『ベンジャミテス地方の国境の村々は、狼火(のろし)で通信し合っていることがわかったものの、合図の意味がまだわからず、今後、精力的に解読法を探るつもり』と書かれてある。そしてバンナムは、いずれにしても城壁の警備を強化すべきである、と進言している」

似たような報告は、21世紀の今も、行なわれているのだ。この史実からも、スパイと売春婦が人類最古の職業といわれるのも無理はない?

日本人の書として、スパイ・インテリジェンスに関する概説書としては、外交官出身の北岡元氏の**『インテリジェンスの歴史　水晶玉を覗こうとする者たち』**(慶應義塾大学出版会)や、中西輝政氏他編著の**『インテリジェンスの20世紀　情報史から見た国際政治』**(千倉書房)や、奥田泰広氏の**『国家戦略とインテリジェンス　いま日本がイギリスから学ぶべきこと』**(PHP研究所)や、元NHKモスクワ特派員の植田樹氏の**『諜報の現代史　政治行動としての情報戦争』**(彩流社)などがある。

また、防衛研究所の小谷賢氏著の**『インテリジェンス　国家・組織は情報をいかに扱

うべきか』（ちくま学芸文庫）、『**日本軍のインテリジェンス　なぜ情報が活かされないのか**』（講談社選書メチエ）、『**イギリスの情報外交　インテリジェンスとは何か**』（ＰＨＰ新書）、『**インテリジェンスの世界史　第二次世界大戦からスノーデン事件まで**』（岩波書店）も参考になる。

ほかにも、文庫で六百ページを超える大著だが、「スパイの世界史」を手っとり早く学ぶ上で役立つのは、海野弘氏の『**スパイの世界史**』（文春文庫）だ。参考文献も十ページ以上ある。ここに出てくる日本語のスパイ本を手にすると、さらにインテリジェンスの知識が深まることだろう。

情報史研究会編の『**名著で学ぶインテリジェンス**』（日経ビジネス人文庫）は、インテリジェンスに関連する書物を紹介したもの。これをまず一読するのもいいだろう。

拙著『**インテリジェンスのない国家は亡びる　国家中央情報局を設置せよ！**』（海竜社）も役立つと思う。内閣調査室に在籍した諜報の専門家でもある春日井邦夫氏の大著『**情報と謀略　上下**』（国書刊行会）も、内外の二十世紀スパイ活動の歴史を扱っている。

そのほか、元警視総監・吉野準氏の『**情報国家のすすめ**』（中央公論新社）や元内閣情報調査室長の大森義夫氏の『**日本のインテリジェンス機関**』（文春新書）などもある。また、陸上自衛隊の幹部だった塚本勝一氏の『**自衛隊の情報戦　陸幕第二部長の回想**』（草思社）や、同じく自衛隊幹部の佐藤守男氏の『**情報戦争の教訓　自衛隊情報幹部の**

回想』（芙蓉書房出版）、警察官出身で内調に出向もしていた泉修三氏の『**実録・警視庁公安警部　外事スパイハンターの30年**』（新潮文庫）や、福山隆氏の『**防衛駐在官という任務　38度線の軍事インテリジェンス**』（ワニブックス）は、高度の機密情報収集やインテリジェンスを実践した当事者の生々しい手記である。

少し古いものとしては、元内閣調査室客員スタッフの清國重利氏の『**内閣調査室への報告書でつづる秘録戦後史　全5巻**』（学陽書房）がある。

また、作家の森詠氏の『**黒の機関　ブラックチェンバー**』（ダイヤモンド社）は、戦後解体された日本の情報機関がどのように再建されていったかを、服部機関などに触れつつ分析している。服部機関といえば、服部卓四郎だが、阿羅健一氏の『**秘録・日本国防軍クーデター計画**』（講談社）は、「服部機関」成立の秘話などを追究している。また、服部卓四郎といえば、彼と対比される、吉田茂の信任が厚かった辰巳栄一の名前がすぐに出てくる。彼については、湯浅博氏の『**歴史に消えた参謀　吉田茂の軍事顧問　辰巳栄一**』（文春文庫）が詳しい。

■マッカーシーの「赤狩り」は間違っていなかった

情報史研究会編の『**名著で学ぶインテリジェンス**』（日経ビジネス人文庫）が出たのは

二〇〇八年だが、そのあとに、日本で訳出された名著としては、ジョン・アール・ヘインズ&ハーヴェイ・クレアの『**ヴェノナ 解読されたソ連の暗号とスパイ活動**』がある（PHP研究所・原著は一九九九年刊行。訳出は二〇一〇年）。

「ヴェノナ」とは、一九四三年（昭和十八年）にアメリカが始めたソ連の暗号傍受・解読作戦の名称である。その解読は戦後になっても続き、ソ連のアメリカ国内でのスパイ活動の全貌を暴く画期的な一冊となっている。この刊行によって、マッカーシーなどが告発した、いわゆる「赤狩り」に関して、「（ヴェノナによって）今明らかになった真実は、アメリカにおける共産主義の浸透と工作の規模はマッカーシーたちが考えていたよりも、はるかに重大で深刻なものだったことを示している」という（監訳者の中西輝政氏の「あとがき」で紹介されていたアメリカの歴史家スティーヴン・ブディアンスキーのコメント）。

当時、「証拠不十分」として放免され、中にはマッカーシズムの犠牲者として半ばヒーロー扱いをされていた面々のほとんどは、やはりソ連のスパイだったわけで、「彼らの有罪の決定的証拠たりうる『ヴェノナ』の秘密を守り通したアメリカ政府当局者の情報秘匿に懸ける執念の凄さにも、我々としては感嘆を禁じえない」（中西輝政氏）というのには同感である。

例えば、マッカーシズムの犠牲者ぶっていたアルジャー・ヒスは、自叙伝『**汚名 ア**

ルジャー・ヒス回想録』（晶文社）でもしらばっくれているが、間違いなくヒスはソ連のスパイであった。

また、須藤眞志氏の『**ハル・ノートを書いた男　日米開戦外交と「雪」作戦**』（文春新書）は、事実上の対日最後通牒ともいわれる「ハル・ノート」を書いた男、ハリー・デクスター・ホワイトについて詳述している。この本が出た時点（一九九九年）では、ホワイトが共産党のスパイであったかどうかについて、須藤氏は確定しきれていなかったようだ。だが、『ヴェノナ』が出てからは、彼がスパイであったことは間違いのない事実と確認されている。なお、このホワイトは、ベン・スティルの『**ブレトンウッズの闘い　ケインズ、ホワイトと新世界秩序の創造**』（日本経済新聞出版社）でも取り上げられている。スティルも『ヴェノナ』などに触れつつ、ホワイトがソ連のスパイであった事実を指摘もしている。こういうふうに、ソ連スパイは、ゾルゲといい、ホワイトといい、日本とアメリカとの間で戦争を起こそうと躍起となっていたのだ。それが、当時、ドイツとの戦争で四苦八苦していたソ連・コミンテルンの国益にかなっていたことは言うまでもない。

■「情交」を通じて「情報」を狙う女スパイにご注意？

『ヴェノナ』に次いで注目されているインテリジェンス情報としては、一九七〇〜八〇年代に旧ソ連・KGBが行っていた対日工作のハイライトを、KGBの極秘内部文書から明らかにした**『ミトローヒン文書・第二巻』**（Christopher Andrew and Vasili Mitrokhin, The Mitrokhin Archive II : The KGB and the World, London, Allen Lane-Penguin Books）がある。これは二〇〇五年に刊行されたが、日本語に翻訳はされていない。

この本の中で、実に驚くべきソ連の諜報活動、対日工作の事実が、正真正銘のソ連機密文書によって、かつ、インテリジェンス研究の世界的権威とされるクリストファー・アンドリュー（ケンブリッジ大学教授）の分析評価を加えつつ解き明かされているという（『暴かれた現代史──『マオ』と『ミトローヒン文書』の衝撃』「諸君！」二〇〇六年三月号中西輝政論文より）。

例えば、この『ミトローヒン文書・第二巻』の中の第十六章には次のような記述があるという。

〈一九六〇年代にKGB東京支局は、日本の外務省の中に多数のエージェントを獲得していった。そのうちの一人の女性外交官（コードネーム「エマ」）は、KGBの係官からミノックスの隠しカメラを埋め込んだハンドバッグを渡され、多数の機密文書を写真にとって渡していたという（三〇四頁）〉

〈また一九七〇年代、六年の間隔をおいて二回モスクワに駐在したことのある日本の外交官（コードネーム「オーヴォド」）は、二度も「ハニー・トラップ」に掛って長期にわたってKGBに協力させられたという。

しかしKGBが行った「ハニー・トラップ」で最も成功した例は、一九七〇年代初めモスクワの日本大使館に勤務した暗号担当官（コードネーム「ミーシャ」）の例だとされている。モスクワでKGBの「ツバメ」（ハニー・トラップ要員の女性を指す）の手にかかってリクルートされた「ミーシャ」は、その後東京の本省勤務となり、そこでKGB東京支局の管轄下に入って新たなコードネーム「ナザール」を与えられる。以後彼は一九七〇年代を通じきわめて重要な日本の外交機密を次々とKGBに流し続けた。彼の流す情報はソ連にとってきわめて重要なものであったから、KGB側は彼一人に専属のケース・オフィサーをつけて対応する極秘工作に切り替えたという。「ナザール」のもたらす情報は、東京とワシントンの間を行き来する極秘の電文を始めとして、外務本省と世界各地の在外公館の間の電文を含んでいたから大変な量に達し、KGB東京支局は翻訳する時間がなくなり、そのままモスクワへ送っていたほどであった。そして何よりも「ナザール」は日本の暗号システムそのものをソ連側に伝えていたから、モスクワは日本外交の手の内を殆ど全て知りうる状態にあった、とKGB文書から明らかにされている（三〇五頁）〉

〈KGBの文書課長ミトローヒンがイギリス亡命に際して持ち出した日本関係の文書は、七〇年代にほぼ限られているようだが、それでも、その間日本の外交官でKGBの有力エージェントになった人物のコードネームは他にも数多く列挙されている。このように見てゆくと一昨年（二〇〇四年）、上海で自殺した人物を「日本外交官の鑑（かがみ）」と評しても、あながち不適切な形容ではないとわかるだろう。外務省に足りないのは、どうやら「インテリジェンス・リテラシー」だけではないかもしれない。少なくとも彼（上海で自殺した電信官）はセキュリティ感覚が大いに欠如した日本外交のシステムの被害者であり、それでもなお稀な愛国心を示したのである〉

中西氏が指摘する通りであろう。

この本に書かれているエージェントたちを警視庁外事課の警察官などがすでに調べ洗い出しているかどうか。私の退官後に判明した「事実」であるから知る由もないが……。

本文でも力説したが、ソ連、中国（そして自由世界）のハニー・トラップには重々注意しなくてはならない。ハニー・トラップには「同性愛」もありだし、女性高官へのものもありうることは言うまでもない。

本書で、カンボジアのシハヌーク殿下の愛人と接触して、貴重な情報を入手した日本の独身外交官の荒技を紹介したが、一歩間違えれば、大変なことになる。だが、時には、「虎穴(こけつ)に入らずんば虎子(こじ)を得ず」もまた事実なのだ。

また、『ヴェノナ』以外にも『マスク(MASK)』なるものもあるという。

『諸君!』(二〇〇七年二月号)の「『国家情報論』番外編 ウルトラ、ヴェノナ、エシュロン、マスクすら知らない日本でいいのか」という座談会で、中西輝政氏が、「ごく最近明らかにされた『マスク』も知っておいて欲しいですね。世界中の共産主義運動やソ連・中共のスパイ活動を動かしていたコミンテルンの暗号通信を、実はイギリス情報部は二〇年代からずっと傍受解読していて、それが世界に共産主義が広がるのを食い止めるうえで大きな役割を果たしました。その一連の暗号解読が『マスク作戦』と呼ばれていたのです。これも二十世紀世界史の決定的ファクターのひとつといっていいでしょう」と語っていた。

このように、諜報の歴史は奥が深いのだ。真実が明らかになるには、何十年もの月日がかかる。

ところで、スパイといえば、日本人だと、まずは007のような、派手にドンパチやるスパイを思い浮かべる人も多いだろう。元英国スパイでもあったイアン・フレミングの一連の007がらみの作品は映画化もされてきた。また、第一章でも触れたフレデリック・フォーサイスの『**第四の核　上下**』（角川文庫）には、「サッサ」なる人物として私も登場したし、彼の『**ハイディング・プレイス**』（フジテレビ出版）には取材協力もした。しかし、「女スパイ」は昔も今も大活躍中なのだ。

二〇一五年（平成二十七年）に、NHKで放送されたドラマの原作、マリーア・ドゥエニャスの『**情熱のシーラ　上中下**』（NHK出版）は、スペイン内戦時代に、ふとしたことから、英国諜報部の諜報員になったという設定の美女お針子スパイの活躍を描いた小説だった。

スーザン・イーリア・マクニールの『**国王陛下の新人スパイ**』『**チャーチル閣下の秘書**』『**エリザベス王女の家庭教師**』『**スパイ学校の新任教官**』（創元推理文庫）は、第二次大戦下、これまたふとしたきっかけでアメリカから英国に渡った若い女性が、ドイツスパイとの死闘を展開するという設定の小説だ。チャーチルやキム・フィルビーやハル国務長官や日本の外交官野村吉三郎など実在の人物も登場し、コミカルではあるが、ある程度の史実にそったスパイ小説である。

ヤン・M・ヤンカの『**女スパイ悶絶**』（光文社CR文庫）は、タイトルからしても分かるように（？）ちょっとポルノティックな女スパイ小説だ。

イアン・マキューアンの『**甘美なる作戦**』（新潮社）は、英国のMI5の女スパイ（セリーナ）を主人公にしたスパイ小説だ。彼女が、若き小説家を「スウィート・トゥース作戦―文化工作」の名のもとに翻弄していく……と。文学的な、知的な「美人局」ともいえようか。


実在の女スパイを扱ったものとしては、ドイツ人、ヘード・マッシングの『**女スパイの道**』（日刊労働通信社）がある。彼女は、先述したアルジャー・ヒス事件の証人として法廷に立ち、当時の米ジャーナリズムを騒がせたこともある女スパイだ。彼女は、共産党のスパイとして活動したものの転向した。スパイのカバー（隠れ蓑）として、ドイツの雑誌『ヴェルトビューネ』の特派員の資格をとってアメリカでスパイ活動をしており、「女ゾルゲ」といっていいかもしれない。

またバーナード・ハットンの『**女スパイ　歴史の陰のヒロインたち**』（日本リーダーズダイジェスト社）は、東西両陣営の女スパイの歴史を扱っている。「『あらゆる女を恐れよ！』　女はスパイとして有能である。しかも、スパイ狩り要員としては、死ぬほど恐ろしい」との著者の言葉は真実であろう。

北川衛氏の『**東京＝女スパイ**』（サンケイ新聞社出版局）は、東京を舞台に活躍した女スパイたちが描かれている。ラストボロフを「ブラウニング夫人」を名乗って誘惑し一夜を共にしたという米ＣＩＡの美女スパイ、メアリー・ジョーンズも登場しているが……。さて、そんな女性はいたのか？　私の口からはなんとも言えない？

渡辺龍策氏の『**女探　日中スパイ戦史の断面**』（早川書房）は、川島芳子、中島成子（しげこ）といった中国大陸で活躍した女スパイを取り上げている。

川島は、「男装の麗人」「東洋のマタ・ハリ」ともいわれて有名だ。『**動乱の蔭に　私の半生記**』（時代社、大空社）は自伝であるが、評伝は無数にある。

渡辺龍策氏の『**川島芳子その生涯　見果てぬ滄海（うみ）**』（徳間文庫）や上坂冬子氏の『**男装の麗人・川島芳子伝**』（文藝春秋）や寺尾紗穂氏の『**評伝　川島芳子　男装のエトランゼ**』（文春新書）など……。

一方、川島ほど有名ではないが、一六歳で看護婦として中国に渡り、中国人の夫を持ち、中国を愛した中島成子は、日本軍の特務機関政治部員でもあった。杤木寒三氏の『**馬賊と女将軍　中島成子大陸戦記**』（徳間書店）や神野洋三氏の『**祖国はいずこ　韓又傑こと中島成子の生涯**』（作品社）が、彼女の複雑な軌跡を追っている。

また、羽田令子氏の『**女スパイ、戦時下のタイへ**』（社会評論社）は、帝国陸軍の諜報活動を命じられた日本人女性（伊藤君枝）の評伝でもある。

尚、マタ・ハリに関しては、ラッセル・ウォーレン・ハウの『**マタ・ハリ　抹殺され**

た女スパイの謎』（ハヤカワ文庫）や、カート・シンガーの『**世紀の女スパイ　マタ・ハリ**』（角川文庫）などがある。

ほかにも、マルト・リシャールの『**私は女スパイだった　マルト・リシャール自伝**』（文化出版局）がある。先のスペイン女性（お針子シーラ）ではないが、リシャールは、お針子から「公娼」となり、ドイツ海軍軍人の愛人になり「情交」を通じて「情報」（機密情報）を入手するスパイになっていくのだ。スペインに飛び活躍もする。

国家機密に接する公人は、男であれ、女であれ、「愛人」を持つ時は、くれぐれもその「出自」を注意しなくてはならない？　いや、持たないのが「家内安全」だ（と思う！）。

本文でも触れたが、外交官のみならず、橋本龍太郎首相が、日本から無償のＯＤＡを引き出す任務を与えられ、橋本氏に接近した中国人女性のハニー・トラップにかかったのではないかとの批判がされたこともあった（「諸君！」一九九八年六月号。加藤昭氏「橋本首相『中国人女性』とＯＤＡ26億円の闇」）。上海総領事館勤務の外交官がハニー・トラップで追いつめられ自殺した事実を考えれば、この問題は軽視してはならない。

これは、イギリス陸軍大臣のプロヒューモが、ソ連の英国駐在の海軍武官ユージン・イワノフとも通じていた高級娼婦（クリスティーン・キーラー）と関係し、国家の軍事機密を漏らしたのではないかとの疑惑で辞職した件を想起させる。このプロヒューモと娼婦との事件を扱った史実は映画『スキャンダル』として近年上映もされた。映画の原作は、キーラー自身が、自叙伝『**スキャンダル**』を書いており、それは角川文庫から訳出されている。

研究書としては、ウェイランド・ヤングの『**プロヒューモ事件 保守党政治の断面**』（筑摩書房）がある。

■スパイの「回想」するものとは？

本物のスパイが、自らスパイ人生を振り返ったノンフィクションとしては、イスラエルのスパイだった、ウォルフガング・ロッツの『**シャンペン・スパイ 〈モサドの星〉の回想**』（ハヤカワ文庫）がある。

「超一流の馬の育種家にして典型的なゲルマン人、元SSの将校で洗練された大金持ち、おまけに熱烈なアラブびいき……エジプト社交界の寵児といわれた男」が、「実はイスラエル情報部の首席工作員」。「彼は優雅な生活の一方で、親しくなったエジプトの閣僚や将軍たちから聞き出した機密をせっせと本国に送り、第三次中東戦争をイスラエルの勝利に導いたのだ。諜報史上に不朽の名を残すスパイが自らの体験を綴る迫真の回顧録」（カバーあらすじより）。

そのロッツは、**『スパイのためのハンドブック』**（ハヤカワ文庫）というスパイになるためのハウツー本も書いている。ちなみに、この本の訳出初版は一九八二年であるが、二〇一〇年には十九刷が出ており、新しい帯には、佐藤優氏の顔写真入りで彼のコメント「この本を読めば、ほんもののスパイの世界がどういうものであるかがわかる」と記されている。同感だ。

ちなみに元外交官の佐藤氏は在職中文字通り、インテリジェンスの世界を渡ってきた稀有な存在だ。彼は著書多数だが、**『交渉術』**（文春文庫）、**『インテリジェンス　武器なき戦争』**（幻冬舎新書・手嶋龍一氏との共著）などが参考になるだろう。

このロッツをはじめ、さまざまな実際のスパイに焦点を当てたのが、ナイジェル・ブランデル＆ロジャー・ボアの**『世界を騒がせたスパイたち　上下』**（現代教養文庫）だ。ドゥシュコ・ポポフの**『ナチスの懐深く　二重スパイの回想』**（ハヤカワ文庫）は、ナチスの情報機関のために働きつつ、英国の情報機関の一員でもあった「二重スパイ」による自叙伝だ。

第二次世界大戦中、チャーチル首相の要請で英国安全保障調整局（ＢＳＣ）が設置され、その初代長官となったウィリアム・スティーヴンスンの**『暗号名イントレピッド　第二次世界大戦の陰の主役　上下』**（ハヤカワ文庫）も、面白い。イアン・フレミングは彼の部下でもあった。

モンゴメリー・ハイドの『**3603号室　連合国秘密情報機関の中枢**』（ハヤカワ文庫）は、連合国の勝利に決定的な役割を果たした、その世界最大の英国諜報組織の全貌と、その主役をつとめ、〝ジェイムズ・ボンド〟のモデルともなったイントレピッドの人物像を描いたものである。

そうした英国のスパイとして戦時中活躍したロナルド・セスは、日本の真珠湾でのスパイ活動も含めたスパイについて『**スパイの歴史**』（高文社）という本を書いている。

ニコラス・グリフィンの『**ピンポン外交の陰にいたスパイ**』（柏書房）は、ピンポンを国際的スポーツに仕立て上げ、毛沢東時代の中国を世界に向けて開国させようとした英国の左翼人の評伝でもある。いたるところにスパイありだ。

ソ連の大物スパイといえば、英国のキム・フィルビーが浮かぶ。

最近刊行された、チャールズ・カミング『**ケンブリッジ・シックス**』（ハヤカワ文庫）は小説であるが、イギリスの秘密情報部MI6やMI5に、キム・フィルビー以下、アンソニー・ブラント、ガイ・バージェス、ドナルド・マクリーン、ジョン・ケアンクロスのケンブリッジ大の卒業生計五人がケンブリッジ・ファイブと呼ばれるソ連のスパイとして潜入していたのは有名な史実であり、そこにもう一人いたという設定の上でのスパイ小説だ。

いうまでもなく、キム・フィルビーを題材にしたスパイ小説の傑作が、ジョン・ル・カレ『**ティンカー、テイラー、ソルジャー、スパイ**』（ハヤカワ文庫）であり、グレアム・グリーンの『**ヒューマン・ファクター**』（ハヤカワ文庫）だ。

キム・フィルビー自身の手記『**プロフェッショナル・スパイ　英国諜報部員の手記**』（徳間書店）がある。グレアム・グリーンが序文を寄せ、この本に副題をつけるとするならば、『職人としてのスパイ』にしたいと書いている。たしかに、最後の最後のギリギリまでスパイの嫌疑を逃れ続けていたさまは職人肌だったといえるかもしれないが……。

あとでも触れる元英国情報機関の一員でもあったリチャード・ディーコンは『**ケンブリッジのエリートたち**』（晶文社）という本を書いている。その中で、一九三〇年代にソ連共産主義に染まっていく、フィルビーのようなケンブリッジエリートの特徴を分析している。

他方、ニコライ・ホフロフの『**赤い暗殺者　指令にそむいたソ連スパイの手記**』（新潮社）は、ソ連のスパイとして活動した著者が、最後には西側に亡命するまでの軌跡を綴っている。

日本がらみのユニークなスパイとしては、戦前、大リーガーとして、日米親善野球にもやってきたモー・バーグという捕手がいた。彼は、そのとき、密かに日本国内でスパイ活動を行なったという。その実態については、ルイス・カウフマン&バーバラ・フィッツジェラルド&トム・シーウェルの**『親善野球に来たスパイ』**（平凡社）、NHK取材班の**『日本を愛したスパイ』**（日本放送出版協会）、ニコラス・ダウィドフの**『「大リーガー」はスパイだった　モー・バーグの謎の生涯』**（平凡社）などが追究している。モー・バーグは親日派ともいえる人であったが、そうであっても、やはり祖国アメリカのためにスパイ活動を行なったともいえる。

戦後のものとしては、ケン・クレインの**『日本を愛しすぎたスパイ　消されたもう一つの戦後』**（ベストセラーズ）がある。彼は、元CIA。連合国軍最高司令部の防諜部隊（CIC）に配属されて以来のスパイだから筋金入りだ。

変わり種としては、保阪正康氏編・東輝次氏著の**『私は吉田茂のスパイだった　ある諜報員の手記』**（光人社NF文庫）も面白いノンフィクションスパイ物語だ。東氏は陸軍中野学校出身の陸軍の軍人でありながら、学歴や身分を偽って（傷痍（しょうい）軍人と偽装）、戦争末期、吉田茂の大磯邸の住み込み（書生）となり、吉田を「ヨハンセン」（吉田反戦グループの意味）と名付け、監視していたのである。陸軍のみならず憲兵のスパイも吉田を監視していた。我が父、佐々弘雄は、吉田茂のような大物ではなかったから、せいぜいで、家の玄関向かいの電柱から監視される程度であっただろうが、スパイ活動というのは、ある意味で「非情」なものがあるということだ。

デビッド・レイの**『首相はスパイ？　英秘密情報機関の陰謀』**（読売新聞社）は、究極のスパイのディレンマでもある。政治・諜報の最高責任者である首相が、敵国（ソ連）のスパイであったら……。情報機関のトップや準トップがスパイだった実例がある以上、そういう事態も「ネバー・セイ・ネバー」であろう。英労働党のウィルソン首相は「ソ連の工作員だった」という、彼の突然の辞任後流れた衝撃の噂を追ったノンフィクションだ。

そのほか、さまざまな実際のスパイに焦点を当てたベン・マッキンタイアーの**『ナチを欺（あざむ）いた死体　英国の奇策・ミンスミート作戦の真実』**（中央公論新社）、**『ナチが愛した二重スパイ　英国諜報員「ジグザグ」の戦争』**（白水社）という本もある。

作家のフレデリック・フォーサイスが実は英国ＭＩ６（秘密情報部）の「スパイ」だ

ったことは本書でも触れたが、アンソニー・マスターズが『**スパイだったスパイ小説家たち**』（新潮社）という本を書いている。イアン・フレミングやサマセット・モームなどが出てくる。

アンソニー・マスターズは、ジェイムズ・ボンドの上司Mのモデルとされているマックスウェル・ナイトの生涯を描いた『**007のボスMと呼ばれた男**』（サンケイ出版）も著している。マックスウェルはMI6ではなくMI5（保安部）の人間だが、読み物として面白い。

007を映画や小説だけでなく「ノンフィクション」としても楽しみたい人は、イアン・フレミングのエッセイ本である『**007号／世界を行く**』『**続007号／世界を行く**』（早川書房）や、シェルダン・レーン編の『**007専科**』（早川書房）や、キングズリイ・エイミスの『**007号／ジェイムズ・ボンド白書**』（早川書房）などがある。

スパイ小説ではないが、ハヤカワ文庫から訳出されているセシル・スコット・フォレスターの『**海の男／ホーンブロワー**』シリーズには、「インテリジェンス」が盛り込まれている。彼は、英国の海洋冒険小説家であり、英国情報省で海軍に従軍した体験もある。『**海の男／ホーンブロワー・シリーズ〈別巻〉ナポレオンの密書**』（ハヤカワ文庫）は、主人公であるホレイショ・ホーンブロワー自身がスパイとなってナポレオンの密書をすりかえようという話だが、絶筆となったのが惜しまれる。

ジョン・モーの『**ダブル・エージェント　英国情報部二重スパイの回想**』(河出書房新社)は、ノルウェー人の著者(母は英国人)が、反ナチ故に大胆にも偽装スパイとしてドイツ軍情報部の一員となり英国に潜入。そして英国情報部の二重スパイとなり、対独情報工作で活躍した体験を綴っている。

アーノルド・クラミッシュの『**暗号名グリフィン　第二次大戦の最も偉大なスパイ**』(新潮文庫)も、面白い。ナチ政権下で一流の科学ジャーナリストであったパウル・ロスバウトは、反ナチの立場から英国情報部に協力したスパイだった。その知られざる、暗号名「グリフィン」という名のスパイの果たした役割を追究したノンフィクションである。彼が、ドイツの戦争遂行計画の数々や新兵器ロケットの情報やナチの核兵器開発の進捗状況を刻一刻英国に伝えたのである。

さまざまな国際スパイ事件を概説的に紹介している本としては、クルト・ジンガーの『**スパイ戦秘録**』(国際新興社)や読売新聞外報部特別取材班編の『**ザ・スパイ　影の第三次世界大戦**』(グリーン・アロー出版社)や赤羽堯(たかし)氏の『**国際スパイ戦争13の記録**』(読売新聞社)がある。

変わり種としては、ジョージ・ミケシュの『**スパイになりたかったスパイ**』(講談社文庫）は、フィクションだが、著者がハンガリーから英国に亡命したこともあって、ソ連に対する風刺をきかせたスパイ小説になっている。ソ連の食糧不足を救う「夢の食品」の製造法をスパイするために英国にやってきたモスクワの学生が織りなすコミカルなスパイ珍道中である。読んで損はない。

蛇足だが、子供向けで秀逸なのは、福島正実氏編の『**少年少女世界のノンフィクション20　国際スパイ物語　木馬の計略からU2型機まで**』（偕成社）だ。トロイの木馬物語からナポレオン時代のスパイや、「暗躍する女スパイたち」としてマタ・ハリなども出てくる。よくぞこんな本が出ていたものと感心させられる。

■ゾルゲ、ラストボロフ、レフチェンコ事件を学ぶためには

本書でも詳述したゾルゲ、ラストボロフ、レフチェンコ事件に関しては沢山の書物が出ている。

ゾルゲ事件に関しては、最近のものとしては、加藤哲郎氏の『**ゾルゲ事件　覆された神話**』（平凡社新書）がある。

少し昔のものとしては、チャルマーズ・ジョンソン『**ゾルゲ事件とは何か**』（岩波現代文庫）や太田尚樹氏の『**赤い諜報員ゾルゲ、尾崎秀実、そしてスメドレー**』（講談社）

や、ゾルゲの『**ゾルゲの見た日本**』（みすず書房）や尾崎秀樹氏の『**生きているユダ ゾルゲ事件―その戦後への証言**』（角川書店）や、ロバート・ワイマントの『**ゾルゲ 引裂かれたスパイ**』（新潮社）や、ゴードン・W・プランゲの『**ゾルゲ・東京を狙え 上下**』（原書房）など多々ある。

そのほかには尾崎秀樹氏の『**ゾルゲ事件**』（中公新書）、『**ゾルゲ事件と中国**』（勁草書房）や、元朝日記者の白井久也氏の『**ゾルゲ事件の謎を解く　国際諜報団の内幕**』（社会評論社）など多々ある。白井氏の本にはゾルゲ、尾崎秀実関連の参考文献が出ているので、それらを参照するのもいいだろう。また、白井久也氏編の『**【米国公文書】ゾルゲ事件資料集**』（社会評論社）も参考になる。元朝日記者の古賀牧人氏の『**反戦反ファシズムの国際スパイ事件　「ゾルゲ・尾崎」事典**』（アピアランス工房）もある。これまた元朝日記者の長谷川熙（ひろし）氏の『**崩壊　朝日新聞**』（ワック）では、ゾルゲがらみで「尾崎秀実の支那撃滅論の目的」と題した章があり、興味深い。

ラストボロフに関しては、最近のものでは、三宅正樹氏の『**スターリンの対日情報工作**』（平凡社新書）は、ゾルゲを含めてラストボロフ事件についても詳述している。

そのほか、ノンフィクションとしては、檜山良昭氏の『**祖国をソ連に売った36人の日本人**』（サンケイ出版）がある。また、終戦時、大政翼賛会樺太支部事務局長でシベリアに抑留された時に誓約してラストボロフ事件で取り調べを受けた菅原道太郎の生涯を、事件との関連で追究したのが、小坂洋右(ようすけ)氏の『**潜行　米ソ情報戦と道産子農学者**』（北海道新聞社）だ。檜山氏が、この本に推薦の一文を寄せている。

小説仕立てのものとしては、本文でもとりあげた三好徹氏の『**小説ラストボロフ事件　赤い国からきたスパイ**』（講談社文庫）がある。三好氏は、「小説」と銘打っているが、「ノンフィクションをつづりたいという衝動」にかられたという。「それを断念しなければならなかったのは、現存している関係者があまりにも多いという理由に因る」としていた（昭和四十六年の時点）。

また、最近『世界』（岩波書店の月刊誌）で、野田峯雄氏が「ラストボロフ　諜略の残影」と題して、二〇一六年（平成二十八年）一月号、二月号に論文を発表した。彼の「諜略」云々の視点はともかくとして、この事件が発覚から六〇年が経過した今でも「謎」を秘めているのは事実であろう。

レフチェンコ事件に関しては、彼自身の手記『**KGBの見た日本　レフチェンコ回想録**』（日本リーダーズダイジェスト社）や、ジョン・バロンの『**今日のKGB　内側からの証言**』（河出書房新社）や、宮崎正弘氏の『**ソ連スパイの手口　レフチェンコ事件の読み方**』（山手書房）や『**レフチェンコは証言する**』（週刊文春編集部編・文藝春秋）などが参考になる。

ゾルゲやレフチェンコやラストボロフ以外にもソ連のスパイは多々いた。その中の一人、コンスタンチン・プレオブラジェンスキーの『**日本を愛したスパイ**』（時事通信社）は、一九八〇年（昭和五十五年）から八五年（昭和六十年）まで東京に駐在したKGB将校（タス通信特派員の肩書で来日）の手記。レフチェンコの後任といったところか。本でも書いているが、彼は一九八五年七月に警察に摘発されたものの、出頭を拒否して出国しソ連に帰国した男である。

拙著の『**謎の独裁者・金正日**』（文春文庫）は、本書でも触れた北朝鮮を中心に、さまざまな対日スパイの事例を挙げている。

■世界の諜報機関の歴史を学ぶためには

KGBやソ連のスパイ組織などに関しては、歴史学者のクリストファー・アンドルー&元KGB高官でもあったオレク・ゴルジエフスキーの『**KGBの内幕　上下**』（文藝春秋）や、元ソ連スパイの体験を持つ亡命者のキリル・ヘンキンの『**ソ連のスパイ**』（新評論）や、エレーヌ・ブランの『**KGB帝国　ロシア・プーチン政権の闇**』（創元社）や、ウィリアム・R・コーソンの『**フェリックスの末裔たち　ソ連国家の推進力——KGB**』（朝日新聞社）や、フリーマントルの『**KGB**』（新潮社）などがある。

ほかにも、バーナード・ハットンの『**スパイ　ソビエト秘密警察学校**』（日刊労働通信社）や、リチャード・ディーコンの『**ロシア秘密警察の歴史　イワン雷帝からゴルバチョフへ**』（心交社）や、ミシェル・タンスキーの『**ロシア秘密警察　拷問・暗殺・粛清の歴史**』（サンケイ出版）や、クークリッジの『**ソ連スパイ網の解剖**』（日刊労働通信社）や、トロツキー暗殺に関与したパヴェル・スドプラトフ＆アナトーリー・スドプラトフの『**KGB衝撃の秘密工作　上下**』（ほるぷ出版）や、アーサー・ティージェンの『**ソ連スパイ網**』（日刊労働通信社）などが参考になる。

そのほかにも、スラヴァ・カタミーゼの『**ソ連のスパイたち　KGBと情報機関〈1917－1991年〉**』（原書房）も面白い。著者はグルジア（ジョージア）生まれでソビエト軍に所属した体験を持っている。『ヴェノナ』への言及もある。アメリカとのスパイ競争にも触れている。

また、ヴラジーミル・ネクラーソフ編の『**ベリヤ　スターリンに仕えた死刑執行人ある出世主義者の末路**』（クインテッセンス出版）、アブドゥラフマン・アフトルハノフの『**スターリン謀殺　スターリンの死の謎　ベリヤの陰謀**』（中央アート出版社）、タデシュ・ウィトリンの『**ベリヤ　革命の粛清者**』（早川書房）などがある。

我々日本人としては、ソ連によるシベリア抑留時代から謀略工作を担当し、日本にもしばしば来日していたイワン・コワレンコは許せない輩（やから）だろう。彼の**『対日工作の回想』**（文藝春秋）には、瀬島龍三の名前もしばしば登場しているが……。

瀬島龍三に関しては、保阪正康氏の**『瀬島龍三　参謀の昭和史』**（文春文庫）がある。この本の中でも、中曽根康弘首相が一九八三年（昭和五十八年）に訪韓したあと、訪米した時に、「アメリカの高官が、中曾根に『あなたの傍から、ミスター・セジマを離しなさい』と伝えたともいう。アメリカは、瀬島を不信の目で見ている、という意味だった」（二六〇頁）と書かれていた。中曽根さんも脇が甘かったというべきだろう。そのほか、共同通信社社会部編の**『沈黙のファイル　「瀬島龍三」とは何だったのか』**（新潮文庫）もある。

一方、CIAやFBIやNSAに関しても、山ほど本が出ている。

先に紹介した、ジョン・アール・ヘインズ&ハーヴェイ・クレアの**『ヴェノナ　解読されたソ連の暗号とスパイ活動』**（PHP研究所）や、ハーヴェイ・クレア&ジョン・アール・ヘインズ&フィルソフの**『アメリカ共産党とコミンテルン　地下活動の記録』**（五月書房）やルイス・フランシス・ブデンツ**『顔のない男達　アメリカにおける共産主義者の陰謀』**（ジープ社）やハーバート・フィルブリックの**『F・B・I逆スパイ私は三重生活を送つた』**（世界社）などは、FBIなどのアメリカの情報機関とソ連スパイとの暗闘を追ったものだ。スパイ、防諜関係を学ぶ上では必読の一冊だ。

元ＣＩＡ副長官のレイ・Ｓ・クラインの『**ＣＩＡの栄光と屈辱　元副長官の証言**』（学陽書房）も参考になる。

エディンバラ大学教授のロードリ・ジェフリーズ＝ジョーンズの『**ＦＢＩの歴史**』（東洋書林）やアンソニー・サマーズの『**大統領たちが恐れた男　ＦＢＩ長官フーヴァーの秘密の生涯　上下**』（新潮文庫）や、ウィリアム・サリバン＆ビル・ブラウンの『**ＦＢＩ　独裁者フーバー長官**』（中央公論社）や、フリーマントルの『**ＣＩＡ**』（新潮社）なども参考になる。

最近のものとしては、ニューヨーク・タイムズの敏腕記者であったティム・ワイナーの『**ＣＩＡ秘録　上下**』『**ＦＢＩ秘録　上下**』（文藝春秋）は、アメリカの現代史に於ける諜報機関の全貌を描いたノンフィクション大作だ。『ＦＢＩ秘録　上下』では、毀誉褒貶あるフーバー長官の軌跡も見事に描いている。情報機関と大統領などとの確執なども詳細に綴られている。失敗例も。

日本人の書いたものとしては、共同通信社出身の春名幹男氏の『**秘密のファイル　ＣＩＡの対日工作　上下**』（共同通信社）も参考になる。ちなみに、春名幹男氏は、『**スクリュー音が消えた　東芝事件と米情報工作の真相**』（新潮社）で、「日本国内では、

『事件はアメリカの陰謀』といった説が幅をきかしていたが、現実には、CIAが事件をデッチ上げた事実はまったくなかった。あったのは、東芝機械の厳然たるココム違反の事実と、それを取り締まらなかった通産省の失態、さらに日本政府が事件の全体像を解明するための情報収集を怠り、言い訳と謝罪に終始したことである」と指摘している。

熊谷独氏の『**モスクワよ、さらば　ココム違反事件の背景**』（文藝春秋）は、ソ連潜水艦のスクリュー音を低下させる工作機械をソ連に密貿易した、東芝機械のココム違反を告発した和光交易のモスクワ在住だった商社マンによる告発手記本だ。売春婦やKGBなどが横行するソ連の恥部を垣間見た当事者でなければ書けない貴重な書。

今日、対中貿易に従事する商社関係者のみならず、中国に赴任する外務省など政府関係者、必読の一冊である。

CIAとKGBとの対立の歴史や、それぞれの歴史に関しては、ミルト・ベアデン&ジェームズ・ライゼンの『**ザ・メイン・エネミー　CIA対KGB最後の死闘　上下**』（ランダムハウス講談社）がある。ミルト・ベアデンは、元CIAのソ連東欧部長。

リチャード・ディーコンも元英国情報部員。インテリジェンス関係の本が多く訳出されている。『**日本の情報機関**（シークレットサービス）　**経済大国・日本の秘密**』（時事通信社）、『**ケンブリッジのエリートたち**』（晶文社）、『**情報操作　歪められた真実**』（時事通信社）、『**ロシア秘密警**

察の歴史　イワン雷帝からゴルバチョフへ』（心交社）などがある。

中国の諜報機関に関しては、アメリカ国防情報局（ＤＩＡ）のアナリストのニコラス・エフティミアデスの『**中国情報部　いま明かされる謎の巨大スパイ機関**』（早川書房）は一九九四年に訳出された本であるが、ロシアを凌ぐ中国の情報活動に警鐘をならしていた。

その後、デイヴィッド・ワイズの『**中国スパイ秘録　米中情報戦の真実**』（原書房）などが出ている。

最新の中国インテリジェンス分析としては、ウィリアム・ハンナス＆ジェームズ・マルヴィノン＆アンナ・プイージの『**中国の産業スパイ網　世界の先進技術や軍事技術はこうして漁られている**』（草思社）も参考になる。

著者らの「諸外国が完成させた高度な技術をつかみ取り、その技術を使って製品を作る能力。しかもその技術の所有者にカネを払わない」という指摘はもっともだ。日本も狙われている。産業スパイやサイバースパイの最新の手口も紹介されており必読の一冊といえよう。

そのほかに柏原竜一氏の『**中国の情報機関　世界を席巻する特務工作**』（祥伝社新書）や、鳴霞氏の『**あなたのすぐ隣にいる中国のスパイ**』（飛鳥新社）がある。

外務省出身（元西独大使）の曽野明氏の『**ソビエト・ウォッチング40年　あたまを狙われる日本人**』（サンケイ出版）は、西側世界への「世論」分断工作をいかにしてソ連が行なっているかを、自らの外交官体験をもとに詳しく分析した本だ。本書の「ソ連」を「ロシア」や「中国」に転換するだけで、今日でも通用するといえよう。

英国の諜報機関に関しては、キース・ジェフリーの『**MI6秘録　イギリス秘密情報部　1909-1949　上下**』（筑摩書房）は、ノンフィクションだが、MI6の「正史」が描かれている。

ドイツの諜報組織に関しては、第二次世界大戦中に対ソ連諜報を担当する陸軍参謀本部東方外国軍課（ドイツ版）の課長で、戦後は西ドイツの情報機関である連邦情報局（BND）の初代長官を務めたゲーレンの『**諜報・工作　ラインハルト・ゲーレン回顧録**』（読売新聞社）が参考になる。E・H・クックリッジの『**ゲーレン　世紀の大スパイ**』（角川文庫）もいい。

フランスの諜報機関の活動に関しては、ティエリ・ウォルトンの『**さらば、KGB　仏ソ情報戦争の内幕**』（時事通信社）がある。フランスに浸透したKGBの活動について触れている。フランスでのＫＧＢのスパイ活動を考察したもので、なかなかの力作だ。

ＣＩＡやＫＧＢやＭＩ５・６と並んで有名なイスラエルの「モサド」に関しても多くの本が出ている。

ジャーナリストのゴードン・トーマスの**『憂国のスパイ　イスラエル諜報機関モサド』**（光文社）は、ナチ戦争犯罪人アイヒマン誘拐、イラク領内からのミグ戦闘機略取、米国からのプルトニウム密輸、ホワイトハウス盗聴、そして、未解決のままの数々の暗殺事件……とのモサドの関与について追究したノンフィクションだ。

アモス・ギルボア＆エフライム・ラピッドの**『イスラエル情報戦史』**（並木書房）は、いずれもイスラエル国防軍情報機関の高官であった軍人による、イスラエル政府公認の情報戦史である。周囲をまだ海で守られている日本と違って、陸続きで周囲を敵に囲まれたイスラエルの情報機関は世界一困難なインテリジェンス任務を遂行してきた。見習うべき教訓が随所にある本だ。

この本の監訳者は佐藤優氏だが、彼も一連の著作で、日本のインテリジェンスについて言及しているのは前述した通りだ。

小谷賢氏の**『モサド　暗躍と抗争の六十年史』**（新潮社）も併読がおすすめだ。

■「暗号解読」の謎は未だ解明されず……

「暗号解読」の歴史に関しては、これまた多数の本が出ている。

戦前戦時中の日本の外務省や陸海軍の暗号が解読されていた事実や、日本側の敵国暗号解読などに関する研究書としては、元防衛研修所の戦史第一研究室長だった岩島久夫氏の**『情報戦に完敗した日本　陸軍暗号〝神話〟の崩壊』**（原書房）や、小谷賢氏の**『日本軍のインテリジェンス　なぜ情報が活かされないのか』**（講談社）などがある。

山本五十六（いそろく）の乗った視察機が待ち伏せで撃墜された背景に暗号解読があった事実を追ったものには、エドワード・ローアーの**『盗まれた暗号　山本五十六謀殺の真相』**（三笠書房）や山室英男氏ほかの**『検証・山本五十六長官の戦死』**（日本放送出版協会）がある。

この暗号解読故の計画的な山本機攻撃の真相も戦後になってから判明したが、真珠湾奇襲以前に日本海軍の暗号が解読されていたか否かに関しても、ロバート・スティネットの**『真珠湾の真実　ルーズベルト欺瞞の日々』**（文藝春秋）や、ジェイムズ・ラスブリッジャー&エリック・ネイヴの**『真珠湾の裏切り　チャーチルはいかにしてルーズヴェルトを第二次世界大戦に誘い込んだか』**（文藝春秋）など、さまざまな本が出ている。

諸説あり、どれが真実か、未だに論争が続いている。

語学研修生として、戦前日本に滞在したこともあるエドウィン・トーマス・レートン（&ロジャー・ピノー&ジョン・コステロ）の**『太平洋戦争暗号作戦　アメリカ太平洋艦隊情報参謀の証言　上下』**（TBSブリタニカ）なども興味深い。

ナイジェル・ウエストの**『スパイ伝説　出来すぎた証言』**（原書房）は、数々のスパイ・インテリジェンス成功のレジェンドの裏には、もうひとつの真実があるということで、諜報戦争の「定説」を覆す史実を指摘している。チャーチルが、「コベントリーの爆撃」をあらかじめ知っていたにもかかわらず、ドイツの暗号解読の事実（ウルトラ）を知られないために見殺しにしたのは真実かなど、興味深い指摘がされている。

■サイバースパイ・テロにはどう対処すべきか

スパイの世界もハイテク化が著しい。サイバーテロなどは、私が現役だった、ネット社会以前の一九七〇年代〜八〇年代のころにはありえなかったものだ。盗聴・防諜・傍受・暗号解読などはむろん戦前からあったわけだが、これも近年はエシュロン（米国を中心に構築された軍事目的の通信傍受システム）などさまざまな事例が増えてきた。

ジェイムズ・バムフォードの『**パズル・パレス　超スパイ機関NSAの全貌**』（早川書房）は、エシュロン以前のNSA（国家安全保障局）の内実を追究したノンフィクション。この当時でさえ、リムジン間の無線電話を盗聴したり、米国内の反戦運動家の通話を盗聴したり……ということが可能だった。

エシュロンに関しては、これまた彼が『**すべては傍受されている　米国国家安全保障局の正体**』（角川書店）を著している。

日本人の書いたものとしては、元自衛官の鍛冶俊樹氏の『**エシュロンと情報戦争**』（文春新書）など多数ある。

こうした国家的な盗聴の実態を告発したのが、元CIA・NSA職員のエドワード・スノーデンだ。

グレン・グリーンウォルドの『**暴露　スノーデンが私に託したファイル**』（新潮社）、ルーク・ハーディングの『**スノーデンファイル　地球上で最も追われている男の真実**』（日経BP社）などが、その実情を追究している。

ともあれ、こういうスパイ・諜報・インテリジェンスに関する本はまだまだたくさんある。品切れ絶版本でも、適宜、古本屋や図書館で探すといいだろう。

おわりに——一九六三年の危惧

インテリジェンス（諜報）のない国家は亡びる。本文でも詳述したように、スパイ・ゾルゲと尾崎により、開戦前の日本の方針（北進か南進か）が、スターリンに伝わり、そのために、彼は、シベリア方面の軍勢を引き揚げ、対ナチス戦に投入することが可能になった。もし、そのインテリジェンスが知られていなかったら、スターリンの大祖国戦争はどうなっていたか。ひいては、太平洋戦争の推移も変わっていたかもしれない。

さらには、尾崎と並んでゾルゲ事件で逮捕された西園寺公一（尾崎秀実の親友で、近衛文麿の側近。ゾルゲ事件に連座）らが「国民政府を対手とせず」の近衛声明にどのような影響を与えたのか。日中間の戦争をわざと泥沼化する工作を担っていたのではないか。そのために、日本は国策を誤り、日中戦争から太平洋戦争に突入していったともいえるのではないか。そこにコミンテルン（ソ連）の影はなかったのか。ルーズベルト政権内部にも、対日強硬論を展開するコミンテルンなどの「赤いスパイ」が跋扈していたのは否定できない事実だ。それほど、インテリジェンスは大切なものである。

にもかかわらず、戦後の日本には、「スパイ防止法」もなく、国家中央情報局も設置されていない。警察の外事課や公安調査庁や内閣情報調査室などが、細々とスパイ摘発や情報収集などをやっている程度だ。安倍晋三内閣によって、特定秘密保護法や国家安全保障局などが設置されているが、まだまだ不十分だ。そうした日本のインテリジェンス機関の興亡についても本文で詳述した通りだ。

イスラム過激派による相次ぐ国際的なテロは無論のこと、ソ連がロシアとして再び復活し周辺諸国に威圧を与え、中国がかつてのソ連のような不気味な軍事的脅威を、これまた日本を含めた周辺諸国に拡散する存在と化して、サイバーテロや海洋進出を展開している現状を見る限り、このままでは日本の将来は暗澹たるものになりかねない。「老兵」として、「最後の告発」をまとめることにした。

ところで、昔話を最後にひとつ披露しておきたい。

先述したように、一九六三年（昭和三十八年）に、私はラディスラス・ファラゴーの『読後焼却　続智慧の戦い』という本を日刊労働通信社から訳出した。

このファラゴーという人は、一九〇六年にハンガリーで生まれ、第二次大戦中はアメリカ海軍で情報部特別戦争班の企画調査主任として活躍した生粋の情報マンである。本書の中でも記しているが、対日謀略戦に参加したこともある。この本の訳者あとがきで、私は、こう書いていた。

「本書の訳出にあたって、私の感じたことは、日本は果たしていまのままでいいのだろうかということであった。

　この秘密の戦いは非情なものであり、場合によっては一国の運命を左右することにもなりかねない恐ろしい破壊力を秘めている」

「世界のどこの国でも、自分の国を守るために防諜法規で法律的に武装し、国家の機密を探ろうとして、ひそかに侵入してくる他国の秘密の戦士を相手に、地下において目には見えない火花を散らしているのである。翻ってわが国の現状をみると、戦後十八年の歳月を経た今日、日本は敗戦の惨禍から不死鳥のように再起し、その経済復興ぶりは西独とともに二十世紀の奇蹟とまで謳われているが、しかし、その反面日本は何か重要なことを忘れているような気がしてならないのである。日本にはいまや守るべき秘密がないといわれているが、果たしてその通りであろうか」

「昭和三十八年四月一日、秋田県能代の海岸に明らかに日本潜入を企てて果たさず溺死した北鮮諜報工作員と思われる二体の水死体が、転覆したゴムボート、無電機、乱数暗号表、ソ連製自動拳銃、一万数千ドルの米ドルなどの携行品とともに漂着したとき、新聞は『いったい日本に何しに来るのだろう。』といかにも昭和の元禄時代にふさわしい素朴な疑問をなげかけていたが、私どもは、もう一度国際政治の常識にたちかえって、世界情勢を展望し、冷厳な事実をみつめてみる必要があるのではなかろうか」

戦後十八年目に書いた、この心境、危惧の正しさは、その後の冷戦の激化や北朝鮮の日本人拉致事件などを通じて杞憂ではなかったことが証明されたといえよう。

そして、戦後七十年を経過したいまも、この危惧は変わらない。

アメリカはすでに世界の警察官の役割を放棄している。北朝鮮は核実験やミサイル発射をくり返し、拉致問題は一向に進展しない。また、二〇一六年（平成二十八年）二月に、朝鮮大学校の元副学部長が偽名のクレジットカードを使ったとして詐欺容疑で逮捕されるという事件が発覚した。警視庁公安部は、十数年にわたって、日本を拠点として韓国への政治工作を続けていたとの見方を強めているとの報道があった。朝鮮大学校の教員を務めるかたわら繰り返し北朝鮮へ渡航し、欧州での有本恵子さんの拉致などに関与したとされる工作機関「２２５局」の勧誘を受けて、韓国で地下組織を作るなどのスパイ活動をしていたという。在日朝鮮人の立場を利用し、活動が容易な日本を中継地に工作を進めていたと見られており、ここにもスパイ防止法のない平和ボケ日本の惨状があるといえよう。中国は、尖閣はむろんのこと、南沙（なんさ）諸島などでの「人工島」での軍事力による威嚇的な拡張主義を高めている。イランとサウジとが国交を断絶し、「イスラム国」の動向もあって中東もきな臭くなり、ホルムズ海峡も波高しで封鎖される危険性も高まっている。トルコとロシアも、ロシアの領空侵犯機撃墜事件が発生している。欧州情勢も「イスラム国」の相次ぐテロで流動的だ。インドネシアやフィリピンでも同様のテロが発生している。

国際紛争を解決する手段としての「軍事力」を放棄した日本としては、「インテリジエンス」が頼りのはずだ。本書の各章で力説したように、独立主権国家にはインテリジエンス機関、国家中央情報局の創設が必須なのだ。にもかかわらずまだそれは建設途上だ。

「これでいいのか、日本よ！」

老兵の回想にいま一度、耳を傾けてほしいと願わずにはいられない。

二〇一六年（平成二十八年）二月

佐々淳行

ゾルゲ事件関係者（検挙された主な人々）

姓名	職業	検挙年月日
北林　トモ	洋裁師	1941年9月28日
宮城　与徳	画家	1941年10月10日
秋山　幸治	無職	1941年10月13日
九津見　房子	会社員	1941年10月13日
尾崎　秀実	満鉄嘱託（元朝日記者）	1941年10月15日
水野　成	雑誌記者	1941年10月17日
リヒアルト・ゾルゲ	新聞記者	1941年10月18日
マックス・ゴットフリート・クラウゼン	製造工業者	1941年10月18日
ブランコ・ド・ブーケリッチ	新聞記者	1941年10月18日
川合　貞吉	会社員	1941年10月22日
田口　右源太	ブローカー	1941年10月29日
アンナ・クラウゼン	無職	1941年11月19日
山名　正実	会社員	1941年12月15日
北林　芳三郎	無職	1941年9月28日
高橋　ゆう	満鉄社員	1941年10月22日
明峯　美恵	政府嘱託	1941年10月25日
篠塚　虎雄	工場主	1941年11月14日
武田　武	労働者	1941年11月24日
武田　とし子	無職	1941年11月24日
船越　壽雄	支那問題研究所員	1942年1月4日
河村　好雄	満州日日新聞記者	1942年3月31日
小代　好信	会社員	1942年4月11日
安田　徳太郎	医師	1942年6月8日
田中　慎次郎	朝日記者	1942年3月15日
菊地　八郎	戦地特派員	1942年3月16日
西園寺　公一	前外務省嘱託	1942年3月16日
犬養　健	衆議院議員	1942年4月4日
海江田　久孝	満鉄社員	1942年4月11日
後藤　憲章	満鉄社員	1942年4月11日
宮西　義雄	満鉄調査部員	1942年4月13日
磯野　清	戦地特派員（朝日）	1942年4月28日

ゾルゲ事件関係者（起訴された人々）

姓名	判決	実際の結末	執行日（病死日、釈放日）
リヒアルト・ゾルゲ	死刑	絞首	1944年11月7日
尾崎　秀実	死刑	絞首	1944年11月7日
ブランコ・ド・ブーケリッチ	終身（無期）	死亡（獄死）	1945年1月13日
宮城　与徳	宣告なし	死亡（獄死）	1943年8月2日
マックス・ゴットフリート・クラウゼン	終身（無期）	釈放	1945年10月9日
小代　好信	15年	釈放	1945年10月8日
田口　右源太	13年	釈放	1945年10月6日
水野　成	13年	死亡（獄死）	1945年3月22日
山名　正実	12年	釈放	1945年10月7日
船越　壽雄	10年	死亡（獄死）	1945年2月27日
川合　貞吉	10年	釈放	1945年10月10日
河村　好雄	宣告なし	死亡（獄死）	1942年12月15日
九津見　房子	8年	釈放	1945年10月8日
北林　トモ	5年	死亡（仮釈放中）	1945年2月9日
秋山　幸治	7年	釈放	1945年10月10日
アンナ・クラウゼン	3年	釈放	1945年10月10日
安田　徳太郎	2年（但5年執行猶予）		
菊地　八郎	2年		
西園寺　公一	1年6ヶ月（但2年執行猶予）		
犬養　健	無罪		

※古賀牧人編『「ゾルゲ・尾崎」事典』（アピアランス工房）、白井久也編『〔米国公文書〕ゾルゲ事件資料集』（社会評論社）などを参照して作成。

第一表　ラストボロフ事件関係者（直接接触運用されていた人々）

NO	氏名	当時の容疑	現況
1	ヤバこと 日暮　信則	終戦時、在ソ大使館二等通訳官。 S20.9　抑留中に庄司宏の斡旋で誓約。 S21.5　帰国。引揚後外務省に勤務の傍ら総理府事務官として内閣調査室との事務連絡にあたりこの間知り得た国家機密にわたる情報文書をラストボロフらに提報。 （S29.8.14　国家公務員法違反被疑者として検挙される）	S29.8.28 東京地検４階取調室の窓から飛び降り自殺。
2	ヨシダこと 庄司　宏	終戦時、在モスクワ大使館書記生。 抑留中誓約。 国際協力局勤務中のS26.12〜29.1までラストボロフに情報を提報。 毎月3万円の報酬を受ける。 （国公法、外為法違反で検挙。否認のまま起訴されるも無罪）	S42.4 弁護士 （東京弁護士会所属） S47.6 テルアビブ空港乱射事件被疑者岡本公三の弁護人として渡航申請し拒否される。
3	ロンこと 大村英之助 （別名） 藤井、谷 貞雄	日共特殊財政部長としてS26夏コチエリニコフから30万ドル、S28.9ノセンコから15万ドルを資金として受領し情報を提報。（S32.9.16外為法違反で検挙される。S42懲役2年6ヶ月執行猶予5年確定）	無職
4	オカダこと U・K	終戦時、モスクワ特派員。戦後モスクワで誓約。 S21　夏ラストボロフと接触したとのラストボロフ供述がある。	S42末 新聞社安全保障問題研究室員（部長待遇）

5	志位　正二	終戦時、第三方面軍主任参謀。抑留中誓約。 S26.9~29.1まで40回接触。再軍備問題、政治情報を提供し68万5千円を受取る。（自首）	S48.3.31 訪ソ時の日航機内で急死
6	フジカケこと 田村　敏雄	終戦時、満州国浜江省次長。抑留中誓約。 S26.5~28.3まで政治経済情報を提供。78万円受取る。 （大蔵財務協会）	S38.8.6 死亡
7	M・S	終戦時、大政翼賛会樺太支部事務局長。抑留中誓約。 S26.9~29.1までポポフに接触し米軍情報を提供。55万円受取る。 （米陸軍情報局特別顧問）（自供）	S42末 民間会社顧問
8	イシカワこと S・I	S22　SE（ソ連代表部）員ベロフの訪問を受け、翻訳を依頼されたのを契機にソ連側に情報を提供。約20万円受取る。 （外大助教授）（自供）	S48 死亡
9	M・Y	終戦時、ハルピン特機属官。抑留中誓約。 S22~27までニキショフと接触。在日ロシア人国民同盟。米軍関係の情報を提供。 （SP通信社）（否認）	情報によればソ連側から木材の配慮を受け、それを大倉商事を通じ処分しているといわれ、SEへは毎月1回定期的に出入りしている。
9 (1)	T・H	上記M・Yとハルピン特機同僚。M・Yに米軍基地情報を提供、2~3000円受取る。 （米軍基地労務者）（自供）	アパート業
9 (2)	S・S	上記M・Yの妻の弟で手先の選定にあたったとのラストボロフ供述がある。（調査のみ）	

9 (3)	N・M	終戦時、ハルピン特機。抑留後満州に戻され通訳をしながらソ連側に提報。邦人として帰国。 米極東軍情報部地理課勤務当時、書類を盗み上記M・Yに手渡した。(調査のみ)	〝内庁〟第2部
10	ナカダこと E・H	終戦時、関東軍下士官。抑留中誓約。 S25.10~27.1　朝鮮動乱の日本船舶出入状況などを提報、3万円を受取る。 (東京都民生局保険課船員保険係)(本人自供)	織物問屋健康組合事務員
11	J・H	ジョンソン基地の図面などを提報。15000円受取る。米軍ジョンソン基地二等航空兵。	
12	G・J	ラストボロフが工作したが失敗。在日フランス大使館勤務。	
13	ウエノこと S・H	終戦時、朝鮮衣兵団伍長。抑留中誓約。 S26.8~28.2まで米軍関係情報提供。約30万円受取る。(東京ＣＩＣ分遣隊警備員)(自供)	そばや(長盛庵)現住所において
14	J・I	終戦時、満州国官吏。抑留中誓約。 S26.6　ラストボロフ、ポポフに追い掛け回されて保護を願い出た。(届出)	弁護士
15	チャイカこと T・H	ラストボロフの供述。 戦前モスクワで獲得され1948~1950まで結核療養した。 "CHAIKA"の容疑が有り取調べたが否定。(否認)	S43現在 翻訳センター顧問

第二表　ラストボロフ事件関係者（ラス以外のソ連機関員と接触、関係のあった人々）

NO	氏名	当時の容疑	現況
1	エコノミストこと 高毛礼　茂	S25.12 外務省経済局第二課勤務中ポポフに誓約。以後S28.12まで経済関係に関する情報を提供。80万円受取る。 （S29.8.19国公法、外為法検挙。懲役8ヶ月罰金100万円）	捧誠会（修養団）評議員
2	遊佐　上治	高毛礼から米ドルを日本円に交換してくれと依頼されたもの。 （昌栄貿易KK専務取締役） （S29.8.28外為法違反検挙。34.8確定懲役8ヶ月罰金30万円執行猶予2年）	S38.7.10 ブラジルへ
3	ネロこと K・I	S5　ブラゴベシチェンスク領事当時獲得されて外交情報を提供。 （自供）	S31.7 死亡
4	タテカツこと M・Y	終戦時、大毎モスクワ特派員。抑留中誓約容疑。帰国後ソ連側へ情報提供したとのラストボロフ供述あり。（本人否認）	会社社長
5	ヤマダこと M・O	終戦時、在ソ日本大使館海軍書記生。抑留中誓約。ラストボロフおよび日暮供述あり。（否認）	鯉のぼり飾りもの卸商
6	K・O	S26.6　ボリス・アフナシエフの仲介で誓約。サベリエフに沖縄基地情報を提供、200万円受取る。（自供）	所在不明 S41家庭不和により
7	ソムこと S・N	終戦時、北支派遣軍司令部嘱託。戦後現地において誓約。帰国後SEに出頭し再誓約。元将軍の現況調査などで1万円位受取る。 （復員局勤務）（自供）	翻訳業

8	U・A	戦後、診療所医師として、性病治療に来た米軍将校の氏名をソ連側に提報した容疑。（否認）	国際診療所経営（医師）
9	クロダこと J・S	終戦時、同盟通信モスクワ特派員。抑留時誓約。ラストボロフ供述の〝黒田〟に類似する人物。（否認）	自由業
10	I・H	終戦時、関東軍通信隊。抑留時誓約。 S23.11~24.1までに2回ソ連側に情報を提供、9000円を受取る。 （電々公社　工法課勤務）（自供）	S41現在 電々公社マイクロ無線部調査役
11	ブラバーこと S・A	終戦後、終戦詔勅を関東軍へ伝達すべく渡満し抑留誓約。ソ連側からの連絡を受けたが連絡を拒否。（供述）	S46.7現在 民間会社海外企画部長
12	T・T	ラストボロフの供述による。 ノゼンコの手先として運営されていた。（取調べせず）	耳が遠くなり電話も聴きとれないほどである。（備考・日ソ交流協会）
13	サトウこと E・T	ラストボロフの供述による。 ソ連に協力するように働きかけたが拒否された。（取調べせず）	S48.8～ 東欧国大使
14	K・H	終戦時、関東軍防衛築城部長、大佐。戦後抑留。クリニツチンの自宅訪問を受け協力要請されたが拒否した。（自供）	S39 死亡

第三表　ラストボロフ事件関係者（捜査中誓約事実の判明した人々）

NO	氏名	当時の容疑	現況
1	ミズタニヒデオこと G・M	終戦時、第1方面軍少将。抑留中誓約。 S24~28までに情報を提供。百数十万円受取る。 （研究所勤務）（本人自供）	S48 自宅病臥中
2	N・H	終戦時、第3軍参謀。抑留中誓約。 S26.5~28.7まで再軍備、米軍の対日政策情報を提報し73万円を受取る。（日本スケートK.K）（自供）	甲子園土地企業KK
3	Y・H	終戦時、関東軍中尉。抑留中誓約。 S24.3~28.8まで45回にわたり警察・内調の組織、職務内容を提報。21万7000円を受取る。 （国家地方警察本部嘱託）（自供）	住宅公団大阪営業所長
4	堀山こと K・M	終戦時、関東軍露語教育隊。抑留中誓約。 S24.4.1~27.12まで米軍基地、警察予備隊、国内政治について情報提供。（建築、設計業）（本人自供）	S42末現在 郡建設事務所
5	サクラこと K・S	終戦時、樺太庁経済第2部長。抑留中誓約。 通報による誓約者。 （誓約の事実・帰国後は連絡を行なっていない旨を供述）	済生会常務理事
6	H・Y	終戦時、第123師団軍医大佐。抑留中ラストボロフに誓約。 ラストボロフ供述による誓約者。 （誓約の事実・帰国後は連絡がない旨を供述）	老齢のため軍人恩給生活
7	T・Y	終戦時、陸軍大佐。抑留中誓約。 ラストボロフ供述によるとソ連とレポをした疑いあり。（本人否定）	S46 中央信用金庫理事

8	H・H	終戦時、関東軍参謀中佐。抑留中誓約。 通報による誓約者。 (誓約の事実・帰国後は連絡を行なっていない旨を供述)	民間会社勤務

※第一表〜第三表のラストボロフ事件の関係者リストは、当時の捜査資料や、「佐々メモ」をもとに作成したラストボロフ事件で容疑を受けた関係者の全リストである（本籍、住所、生年月日などは割愛している。一部仮名にした。仮名のイニシャルは本名と整合するとは限らない)。またリストには日本人以外の外国人も含まれている。

主要スパイ事件年表（日本関連を中心に作成）

1919年	コミンテルン（共産主義インターナショナル）結成
1925年	治安維持法成立
1941年	ゾルゲ、尾崎秀実ら逮捕（ゾルゲ事件）
1943年	コミンテルン解散
	アメリカ、ソ連の暗号解読開始（ヴェノナ作戦）
1947年	CIA発足
1948年	米国務省高官アルジャー・ヒスをソ連スパイとして逮捕
1950年	日本に潜入した北朝鮮スパイを逮捕（第一次北朝鮮スパイ事件）
1952年	鹿地亘失踪事件
1953年	第二次北朝鮮スパイ事件
1954年	ラストボロフ書記官、米国に亡命
1955年	第三次北朝鮮スパイ事件
1956年	西独、連邦情報局（BND）発足
1957年	内閣調査室発足
1958年	第四次北朝鮮スパイ事件
1960年	U－2機事件（米国偵察機撃墜。パイロット・パワーズ大尉捕虜）
1962年	ベルリンで米・ソのスパイ交換（パワーズ大尉＆アベル大佐）
1963年	英国元MI6のキム・フィルビー、ソ連に亡命
	英国プロヒューモ事件（ハニー・トラップ）
1964年	ソ連、ゾルゲに「ソ連邦英雄」の称号を贈る
1967年	外務省スパイ事件（北朝鮮工作員に情報流出の外務省職員逮捕）
1968年	北朝鮮特殊部隊が韓国大統領官邸（青瓦台）を襲撃
1971年	コノノフ事件（米軍機密資料の収集）で接触した日本人逮捕
1973年	金大中拉致事件（韓国）
	山形県・温海事件（北朝鮮）
1974年	西独ブラント首相秘書ギョームがスパイと発覚逮捕
1976年	ソ連ベレンコ中尉、ミグ25と共に函館に強行着陸・亡命
1978年	田口八重子（李恩恵）、蓮池薫・奥土祐木子ほか拉致事件相次ぐ
	ソ連出身の国連事務次長、シェフチェンコが米国亡命
1979年	ソ連スパイ・レフチェンコ、米国に亡命
1980年	コズロフ事件・宮永元陸将補ら逮捕（宮永スパイ事件）
1981年	ポーランド駐日大使ルラシュが米国亡命
1982年	IBM産業スパイ事件（日本人逮捕）

1983年　大韓機、サハリン上空でソ連機により撃墜（日本政府は自衛隊が傍受した記録提出）
ビルマ・ラングーン事件（北朝鮮工作員による韓国政府要人爆殺）
1985年　宮崎県日向沖に北朝鮮スパイ工作船出現。追跡するも逃亡
1987年　東芝機械ココム違反事件
金賢姫らによる大韓機爆破事件
1991年　ソ連邦崩壊、KGB解体再編
1992年　ソ連元KGBのミトロヒンが英国に亡命
1994年　CIA工作官エイムズがソ連のスパイと発覚逮捕
1995年　FSB（ロシア連邦保安庁）発足
1998年　プーチン、連邦保安庁長官就任（〜99年）
2000年　海上自衛隊三佐、防衛機密漏洩で逮捕（ボガチョンコフ事件）
2003年　FBIが中国の二重スパイ「カトリーナ・レオン（中国系アメリカ人）」逮捕
2004年　上海総領事館員（日本人）自殺事件（中国によるハニー・トラップ）
2005年　ミトローヒン文書・第2巻（日本関連のスパイ指摘あり）公刊
2006年　英国に亡命した元KGBのリトビネンコ、毒殺される
2007年　イージス艦情報漏洩、海自三佐ら逮捕
2010年　米国で、美しすぎる女スパイ、アンナ・チャップマン逮捕
警視庁公安部が作成したとみられる国際テロ捜査情報がネットに流出
2012年　李春光（元松下政経塾特別塾生・中国大使館一等書記官）によるスパイ事件
2013年　スノーデン、NSA活動を暴露（スノーデン事件）
特定秘密保護法成立
2014年　サイバーセキュリティ基本法成立（日本）
2015年　サイバーセキュリティ戦略本部を設置（日本）
元陸上自衛隊東部方面総監が現役陸将を含む幹部自衛官を通じて陸上自衛隊の部内資料をロシア連邦軍参謀本部情報総局（GRU）所属の駐在武官に流出させたことが発覚
2016年　朝鮮大学校元副学部長が日本で詐欺容疑で逮捕。北朝鮮の工作機関「225局」と協力して韓国で地下組織を作っていたとの疑いが浮上

解　説

伊藤　隆

本書は『私を通りすぎた政治家たち』『私を通りすぎたマドンナたち』のシリーズの最後の作品として、二〇一六年に刊行された（編集部注・文庫化に際し改題）。

私が佐々淳行氏を訪ねたのは二〇一四年。沖縄返還に重要な役割を果たした故若泉敬氏の友人であり、佐々氏の親友でもある、福留民夫氏からの紹介であった。初代内閣安全保障室長を務めるなど、昭和から平成にかけて日本の治安維持に大きな役割を担われた佐々氏の手元にある様々な記録・文書を、国会図書館の憲政資料室に寄贈していただきたいとお願いしたのである。佐々氏は快諾され、通称「佐々メモ」と呼ばれる九十冊の手帖をはじめとする大量の史料を渡して下さった。これらは整理後、公開され、いずれ戦後史研究に貢献することになるであろう。

さらに、その貴重な体験をオーラルヒストリーとして口述記録し、後世に残したいという希望も諒解され、二十回ほど進行していたが、佐々氏の病状によって平成二十九年末には中断を余儀なくされ、翌三十年十月十日に逝去された。

ちょうどこの間に進行していた本書が佐々氏の最後の著作となった。「危機管理」という言葉を日本語として定着させ、数多くの業績を残した著者の最後としてふさわしいものというべきであろう。なお私は、佐々氏のオーラルヒストリーや厖大な著書、史料などを基に「佐々淳行伝」の執筆を進めている。

一般的には、佐々氏は警備警察のエリートとして「あさま山荘事件」の指揮などで著名であろう。だが外事警察での活躍も大きかった。本書でも「警察に入って以降、警察、防衛、内閣と歩んできた私の危機管理人生を振り返ると、経歴としていちばん長いのは〝外事警察〟の情報官・捜査官である」と述べている。外事課勤務であったのは、

昭和35年7月〜37年3月　警視庁公安部外事課勤務
昭和37年4月〜39年1月　大阪府警察本部警備部外事課長
昭和40年1月〜43年7月　在香港日本国総領事館副領事・領事
昭和43年7月〜同年11月　警視庁公安部外事第一課長
昭和47年7月〜49年8月　警察庁警備部外事課長

であった（香港領事は外事警察そのものではないが）。

その出発点は、昭和三十五年の半年間アメリカに派遣されて、国際警察官養成教育訓練セミナーで秘密の訓練を受けた事であった。極秘のため経歴上は空白の期間となっていたそうだが、佐々氏はアメリカで「あらゆるスパイ技術」を学び、この実地訓練で「変な英語になって帰国するのだが、六か月の研修で、とても有意義だったのがこれだ

った」という。後に、アメリカの警察、ＦＢＩ、ＣＩＡ、陸海空軍の軍人との付き合いでこうした「街のケンカで覚えた」英語を使うと、話が通じると喜ばれ、情報関係者との広い人脈形成の有力な武器になった。

大阪府警外事課長の時期には、Ｌ・ファラゴーの“BURN AFTER READING”を『読後焼却』（日刊労働通信社、昭和三十八年）として翻訳している。ファラゴーは第二次大戦中、米海軍で情報部特別戦争班企画調査主任として活躍した情報マンで、同書は佐々氏によれば「第二次大戦におけるスパイ活動の歴史であるが、同時に秘密工作の全教科課程、情報活動の各種方式、スパイ網と破壊活動、政府転覆工作と逆諜報など、近代戦の正式の伝統的作戦とは別に行われる一切の秘密の闘いをその内容とするもの」である。

佐々氏は第五章で、「外国の情報機関と個人的な付き合いがあれば、『公式には手に入らないはずの情報』が手に入るし、『入れないのが建前の場所』にも立ち入ることができるのだ」、「すなわちＣＩＡ、ＭＩ６、あるいはモサドといった連中と日常的に付き合って、情報機関や治安機構の本部に入っていける」と述べ、「口幅ったいけれども」としながらも「かつてそれを引き受けてきたのが私だった」と自負している。そこに加えて、警察・陸海空の軍人との付き合いもあった。

こうした「国際インテリジェンス・オフィサー」となる発端は、前述のアメリカでの研修であるが、現実の各国のインテリジェンス・オフィサーとの広い付き合いの第一歩は、領事時代の香港においてであった。当時、香港は揺れる中華人民共和国の情報を得ることができる第一線であり、各国のインテリジェンス・オフィサーが蝟集していたのである。佐々氏は彼らと個人的なコネクションを広め深めたのであった。その状況は著書『香港領事佐々淳行』（文春文庫、平成十四年）にもかなり描かれているが（同書でCIA、MI6の他、香港警察のスペシャル・ブランチ、ドイツのゲーレン機関〈現BND・連邦情報局〉ほか七、八カ国の情報官と付き合い、人間関係を築いていったと述べている）、さらに残された手帖「佐々メモ」に詳しい。

　こうした情報収集の結果、日中国交正常化以前の「文化大革命」の時期、林彪のクーデター失敗と亡命途上での墜死事件の情報も佐々氏には正確に入っていた。だが、日本側から情報が軽視されたという残念な状況も記している。

　なおこの香港時代に中国大陸の情報を得るため、元国民党政府軍准将の孫履平という日本外務省の極秘エージェントをスパイとして運用していたと述べている。自身のこうしたエージェントを用いての情報収集は、事柄の性質から秘匿せざるを得ないのであろうが、この一例しか触れていない。「佐々メモ」をはじめとする史料の解明を期待したい。

　イギリスの作家で、スパイや軍をテーマにした小説が多いフレデリック・フォーサイスとの接触も、こうしたコネクションから生まれた一エピソードであろう。フォーサイスは昭和五十八年に来日。MI6の友人ティム・ミルンから、東京に行ってサッサに会えと勧められ、小説『ハイディング・プレイス』のための取材を行った。作品中に登場するSP隊長が佐々氏をモデルにしたものであった。この前後にフォーサイスは『第四の核』という作品を書いているが、かつて佐々氏がパーティーでティム・ミルンにソ連外交官が実はKGBのスパイだと示唆したことから話を展開している。ところが、フォーサイスは佐々警視を実名で登場させ、あさま山荘事件などで活躍したと書いたため、日本では騒ぎになった。著者はフォーサイス（MI6関係のスパイと推測している）と友人になったと記している。

本書はまた、スパイ天国・日本での無念の記録でもある。

アメリカでの研修を終えて、警視庁の外事課に勤務した佐々氏が最初に直面したのは、北朝鮮のスパイ・工作員が、日本海側の海岸から次々と潜入・脱出している状況であった。その対処のため、彼らの活動拠点である大阪の大阪府警外事課長に任命されたのである。第三章で触れられているように、北朝鮮と潜入したスパイとの無線送受信をキャッチする地道な捜査の指揮にも携わった。そして信頼する指揮官、川島広守警察庁外事課長（先の『読後焼却』の冒頭に「本書によせて」を書いている）の「泳がせろ」という指示に従って、ついに「名古屋、三重、新潟、鹿児島に及ぶ広域北朝鮮スパイ網洗い出しに成功」した。

だがせっかく検挙しても、スパイ取締りの法律のない日本では「執行猶予付きの懲役一年」という結果となり、悔しい思いをさせられている。そこから、スパイ取締りの法律の制定こそが著者の年来の主張となった。現在も実現していないが。

北朝鮮のスパイ・工作員の捜査はこの後も続き、昭和四十七年の警察庁外事課長時代の「温海事件」については、「戦後日本の外事警察の最大の敗北」「無念でならない」とし、このような処理をしたことが、後の「拉致問題」や、北朝鮮の核開発に繋がったと指摘している。佐々氏は『金日成閣下の無線機』(読売新聞社、平成四年)でもこの問題を書いている。

北朝鮮もその一部であるが、外事警察の最大の課題は、共産圏からのスパイ捜査であった。佐々氏は最初の外事課勤務の際は「ソ連・欧州担当」であり、「ラストボロフ班の班長」であった。駐日ソ連代表部の二等書記官でNKVD(内務人民委員部)に属していた陸軍中佐ラストボロフは、昭和二十九年に在日米大使館に亡命した。当時の外事課長山本鎮彦がアメリカに亡命したラストボロフを出張尋問して、シベリア抑留中の日本人にスパイ、協力者になるよう誓約させ、帰国後必要となった時に活動させるという「潜伏諜報工作員」(スリーパー)が大量に作られたことが明らかになった。佐々氏は数年後に「ラストボロフ班長」として後始末捜査に従事した。本書では捜査対象になった三十六名の内数人について触れているが、残念ながらどのように捜査したのかは明かされていない。

昭和六十二年、内閣安全保障室長時代に遭遇した「東芝機械によるココム規制違反の対ソ大型工作機械の不正輸出事件」は「最大かつ最重要のスパイ事件」であったとして第四章で詳述している。ところが、アメリカから強い抗議を受けたにもかかわらず、この事件も〝大山鳴動、鼠一匹〟に終わり、佐々氏は「日本がスパイ天国と嘲笑されるのも無理はない」と述べている。

東芝ココム事件は、ソ連への輸出に大きな役割を果たした伊藤忠商事の瀬島龍三相談役が、特別顧問に退く形で終熄したが、佐々氏は事件の黒幕、瀬島（中曽根政権のブレーンでもあった）がソ連のスリーパーであり（先述の後始末捜査の過程で突き止めたという）、何らかの政治的・社会的制裁を加えるべきだと具申していたのであった。なおこの問題で中曽根総理に抗議するため来日したワインバーガー米国防長官の随員で、リチャード・アーミテージ国防次官補とジェームス・ケリーNSCホワイトハウス特別補佐官も佐々氏の人脈中の人物で、佐々氏の手帖にもしばしば登場する。

昭和五十七年には「レフチェンコ事件」があった。アメリカ亡命中の元KGB少佐レフチェンコ（昭和五十年からソ連誌の東京支局長）が米下院の秘密聴聞会で、ソ連の工作活動として多数の日本人エージェントを操作して政治工作を行っていたことを証言した。レフチェンコが米議会に提出した日本人エージェントのリストが、日本の公安警察にも回ってきたことから国内騒然となった。

この時、佐々氏は警察を離れ、防衛庁教育担当参事官の職にあった。ただ、日本の警察もレフチェンコが在日中すでに政治工作担当ソ連情報機関員だと認知して監視していたため、かなりの部分をつかんでいたという。

レフチェンコ証言で、社会党にソ連の資金が流れていたことが暴露され、石田博英、勝間田清一をはじめ政治家・官僚・マスコミ関係者など多数の日本人がエージェントとして名前が挙がった。しかしこの場合も、彼らが罪に問われることはなかったのである。

もう一つ、佐々氏が挙げているのは、その二年前に起訴された「宮永スパイ事件」である。防衛庁内の複雑な状況もあり、国家公安委員長であった後藤田正晴のアドバイスにしたがって捜査には直接タッチしなかった。陸将補という防衛庁高級幹部であった宮永幸久がソ連のスパイの手先を五年間も務めていたということで、防衛庁は国会で攻撃対象になり、佐々氏は国会答弁のブリーフィングに苦労した。この時も宮永は懲役一年の判決を受けただけであった。

それから三十数年後、安倍第二次政権で「特定秘密保護法」が制定され、このような場合には十年以下の懲役と改善されたが、スパイ防止法は相変わらず制定されていない。

世界各国ではあって当然の、スパイ取締りの法律を制定せよ、というのが佐々氏の日本への遺言であろう。

第五章の「『内閣中央情報局』を創設せよ」という項で述べられる佐々氏の主張は、著書『インテリジェンスのない国家は亡びる―国家中央情報局を設置せよ！』（海竜社、平成二十五年）『インテリジェンス・アイ―危機管理最前線』（文藝春秋、平成十七年、のち改題『危機管理最前線』文春文庫）でより詳しく知ることが出来る。

では「インテリジェンス」とは何であるか。

佐々氏は「インテリジェンス」を「自分たちの国を守るための意志決定をするために、情報を集めて分析すること」と定義している。危機管理の第一歩は、情報の収集・分析である。私は、その主張全体に深く共感するものである。

佐々氏のスパイとの関わりの原点は、少年時代にあった。

第一章「父弘雄とスパイゾルゲはいかに関係したか」で、ゾルゲ事件の中心人物、尾崎秀実と父・佐々弘雄との関係について明かしている。佐々弘雄は昭和三年、向坂逸郎らとともに共産主義者の嫌疑をかけられて九州帝大を追放され、著述活動の後、昭和九年に朝日新聞社入社、やがて論説委員になっている。近衛文麿を担いでいた政策研究団体「昭和研究会」の中心の一人となり、元朝日新聞社員でもあった尾崎を研究会に誘った。共に第一次近衛内閣以来の近衛の親近者による朝飯会のメンバーであった。

そうした関係から、尾崎検挙に伴い、弘雄氏は危険があるいは自分にも及ぶのではないかと心配してかなりの書類を燃やしたことを、私も、かつて縫子夫人や長男の克明氏から伺っていた。かねてより「近衛新体制」をテーマとし史料を集めていたことから、佐々弘雄の関係文書を利用させて頂きたいと申入れたところ、そう返答があり、焼却を免れて僅かに残されたという「昭和研究会」及び戦後の書類をコピーさせて頂いた。

この焼却の手伝いをしたことを佐々淳行氏も記憶しておられた。玄関番の役割をしていたため、尾崎の顔を見ていたともいう。著者がこの項を書くに際し、兄の克明氏が『中央公論文芸特集』に書かれた「父・佐々弘雄と近衛の時代」を紹介するなど、筆者も多少関わった。

最近、佐々家から若干の弘雄関係文書が出て来て国会図書館に入れて頂いたので、佐々弘雄について再度研究してみようと思っている。

またゾルゲや尾崎に関しても、懇意だったドイツ大使オットーとの関係からいって当然接触していたのだろうと思われる陸軍関係者との関係が全く記録に出てこないことなど、未解明のことを含めて解明したいと思っている。

近現代史は時代が進むにつれて史料が少なくなってくる。明治期は新しい国家を作っているという自負によってみな積極的に記録を残しており、公文書だけではなく、関連する私文書、議事録も残っている。だが敗戦直後に官庁は戦前の史料を燃やし、都合の悪いものは捨ててよろしいという意識がひろがり、罪悪感が薄くなった。そうした中で、危機管理、インテリジェンスという未解明のことが多い分野において、多くの史料を後世にゆだねた佐々氏に感謝したい。

（歴史学者、東京大学名誉教授）

単行本『私を通りすぎたスパイたち』
二〇一六年三月　文藝春秋刊
文庫化に際し改題、修正しました。

文春文庫

亡国(ぼうこく)スパイ秘録(ひろく)

定価はカバーに表示してあります

2019年3月10日　第1刷

著　者　佐々淳行(さっさあつゆき)
発行者　花田朋子
発行所　株式会社文藝春秋

東京都千代田区紀尾井町3-23　〒102-8008
TEL　03・3265・1211㈹
文藝春秋ホームページ　http://www.bunshun.co.jp
落丁、乱丁本は、お手数ですが小社製作部宛お送り下さい。送料小社負担でお取替致します。

印刷製本・大日本印刷
Printed in Japan
ISBN978-4-16-791251-2

（　）内は解説者。品切の節はご容赦下さい。

佐々淳行
連合赤軍「あさま山荘」事件

厳寒の軽井沢の山荘であのとき一体何が起きたのか？　当時現場で指揮をとった著者のメモを基に十日間にわたって繰り広げられた攻防の一部始終を克明に再現した衝撃の書。（露木　茂）

さ-22-5

佐々淳行
平時の指揮官　有事の指揮官
あなたは部下に見られている

バブル崩壊以後、国の内外に難問を抱え混乱がいまだ続く日本の状態はまさに〝有事〟である。本書は平和ボケした経営者や管理職に向け、有事における危機対処法を平易に著わした。

さ-22-6

佐々淳行
後藤田正晴と十二人の総理たち
もう鳴らない〝ゴット・フォン〟

「昭和の軍師」こと後藤田正晴の「佐々君は、おるかな？」の一声で退官後も駆り出され、歴代首相のために危機管理最前線へ出陣。知られざる「平成危機管理史」の全貌。（岡本行夫）

さ-22-14

佐々淳行
「危機管理・記者会見」のノウハウ
東日本大震災・政変・スキャンダルをいかに乗り越えるか

東日本大震災の際に見られた菅直人首相（当時）や東京電力幹部の無様な対応。彼らは記者会見が現代の戦場であるという事実を知らないのか。（高山正之）

さ-22-16

佐々淳行
日本赤軍とのわが「七年戦争」
ザ・ハイジャック

ミスター「危機管理」の最後の闘い！　「よど号」から「ダッカ」まで、テロリストの脅迫に屈した弱虫国家の舞台裏を暴き、これからの日本の行く末に警鐘を鳴らす！（志方俊之）

さ-22-18

佐々淳行
私を通りすぎた政治家たち

吉田茂、岸信介、田中角栄、小泉純一郎、小沢一郎、不破哲三、そして安倍晋三。左右を問わず切り捨て御免、初公開の「佐々メモ」による恐怖の政治家閻魔帳。（石井英夫）

さ-22-19

（　）内は解説者。品切の節はご容赦下さい。

一志治夫
奇跡のレストラン アル・ケッチァーノ
食と農の都・庄内パラディーゾ
日本海にほど近い、山形・庄内の小さな町に建つ伝説のレストラン。天才シェフと彼を支える生産者たちが作りあげた「地場イタリアン」には地方再生のヒントが隠れている。（今野楊子）
い-86-2

石井妙子
日本の血脈
『文藝春秋』連載時から大きな反響を呼んだノンフィクション。政財界、芸能界、皇室など、注目の人士の家系をたどり、末裔ですら知りえなかった過去を掘り起こす。文庫オリジナル版。
い-88-1

一ノ瀬俊也
米軍が恐れた「卑怯な日本軍」
帝国陸軍戦法マニュアルのすべて
沖縄戦直後に作成された米兵向け小冊子「卑怯な日本軍」。そこには、さまざまな「卑怯な」実例が紹介されている。だがそうした策略には日中戦争が大きく影響していたのだ。（早坂　隆）
い-95-1

生島　淳
箱根駅伝
ナイン・ストーリーズ
どうして「箱根」は、泣けてしまうんだろう……。二〇一五年に初優勝した青山学院大学から駒澤、東洋、明治、山梨学院、早稲田まで。日本最大のスポーツイベント箱根駅伝の真実と、奇跡のストーリー。
い-98-1

飯島　勲
小泉官邸秘録
総理とは何か
五年半の間に多くの改革を成し遂げた小泉純一郎内閣で首席総理秘書官を務めた著者が、すべての内幕を書いた貴重な記録。リーダーシップとは何かがわかる一冊。（田﨑史郎）
い-101-1

上前淳一郎
複合大噴火
一七八三年、日本と欧州でほぼ同時に火山の大噴火が起き、大きな社会変動をもたらした。この事実は何を意味するのか？　現代の災害対策に鋭い問いを投げかける警告の書。（三上岳彦）
う-2-47

上野正彦
死体は語る
もの言わぬ死体は、決して嘘を言わない――。変死体を扱って三十余年の元監察医が綴る、数々のミステリアスな事件の真相。ドラマ化もされた法医学入門の大ベストセラー。（夏樹静子）
う-12-1

内田　樹・高橋源一郎 選
嘘みたいな本当の話
あらゆる場所の、あらゆる年齢の、あらゆる職業の語り手による信じられないほど多様な実話。一五〇〇通近く応募された中からよりすぐられたリアル・ショート・ストーリー一四九篇。
う-19-18

上原善広
日本の路地を旅する
中上健次はそこを「路地」と呼んだ。自身の出身地から中上健次の故郷まで日本全国五百以上の被差別部落を訪ね歩いた十三年間の記録。大宅壮一ノンフィクション賞受賞。（西村賢太）
う-29-1

上原善広
異邦人
世界の辺境を旅する
スペインの山間部の被差別民カゴ、ネパール奥地の不可触民の少女、戦渦のバグダッドで生きるロマ……迫害され続ける人々の魂に寄り添って描き出す、渾身のルポ。（麻木久仁子）
う-29-2

江藤　淳
閉された言語空間
占領軍の検閲と戦後日本
アメリカは日本の検閲をいかに準備し実行したか。眼に見える戦争は終ったが、アメリカの眼に見えない戦争、日本の思想と文化の殲滅戦が始った。一次史料による秘匿された検閲の全貌。
え-2-8

榎本まみ
督促ＯＬ　修行日記
日本一ツライ職場・督促コールセンターに勤める新卒の気弱なＯＬが、トホホな毎日を送りながらも、独自に編み出したノウハウで年間二千億円の債権を回収するまでの実録。（佐藤　優）
え-14-1

榎本まみ
督促ＯＬ　奮闘日記
ちょっとためになるお金の話
督促ＯＬという日本一辛い仕事をバネにし人間力・仕事力を磨くべく奮闘する著者が、借金についての基本的なノウハウを伝授。お役立ち情報、業界裏話的爆笑4コマ満載！（横山光昭）
え-14-2

奥野修司
ねじれた絆（きずな）
赤ちゃん取り違え事件の十七年
小学校入学直前の血液検査で、出生時に取り違えられたことが発覚。娘を交換しなければならなくなった二つの家族の絆、十七年の物語。文庫版書きおろし新章「若夏」（うりずん）を追加。（柳田邦男）
お-28-1

（　）内は解説者。品切の節はご容赦下さい。

奥野修司
ナツコ　沖縄密貿易の女王
米軍占領下の沖縄は、密貿易と闇商売が横行する不思議な自由を謳歌していた。そこに君臨した謎の女性、ナツコ。誰もがナツコに憧れていた。大宅賞に輝く力作。（与那原　恵）
お-28-2

奥野修司
再生の島
親が子に真剣に向き合った時に子は変わる。沖縄の離島の山村留学施設で、ゲームなし、携帯禁止、消灯夜十時の生活を始めた中学生らが健やかに変身を遂げた一〇〇〇日間のレポート。
お-28-4

奥野修司
看取り先生の遺言
2000人以上を看取った、がん専門医の「往生伝」
「治らない患者さんのための専門医になる」決意をし緩和ケア医療に専心、がんで亡くなった医師の遺言の書。日本人が安らかに逝くために「臨床宗教師」の必要性を説く。（玄侑宗久）
お-28-5

沖浦和光（かずてる）
幻の漂泊民・サンカ
近代文明社会に背をむけ〈管理〉〈所有〉〈定住〉とは無縁の「山の民・サンカ」はいかに発生し、日本史の地底に消えていったか。積年の虚構を解体し実像に迫る白熱の民俗誌！（佐藤健二）
お-34-1

大月京子
ラブホテル裏物語
女性従業員が見た「密室の中の愛」
浴槽にぶちまけられた納豆、ベッドの脇に首輪をつけてたたずむ中年男性、入れ歯の忘れ物……。ラブホテル女性従業員が見てきた仰天カップルの実態と、裏稼業のじーんとくる話満載。
お-54-1

小野登志郎
怒羅権　ドラゴン
新宿歌舞伎町マフィア最新ファイル
中国残留孤児2世、3世を中心に組織された愚連隊、「怒羅権」。彼らは、日本の裏社会に深く静かに根を下ろしている。アウトローたちの野心と挫折を渾身の筆で描く。（城戸久枝）
お-61-1

岡田真理
いざ志願！　おひとりさま自衛隊
酔った勢いで受けた「予備自衛官補」の試験が合格。全身あざだらけの戦闘訓練、土砂降りの匍匐前進。涙なみだの催涙ガス実体験。女子による驚きの体当たり体験記！（宮嶋茂樹）
お-62-1